国家出版基金资助项目　　“十二五”国家重点出版规划项目

丛书主编　钟志华

月球与人类丛书——

月球万象

YUEQIU YU RENLEI CONGSHU ——
YUEQIU WANXIANG

教育部深空探测联合研究中心　组编

分册主编　肖　龙

湖南大學出版社

内容简介

月球是地球唯一的天然卫星。月球的运动与人类的生活息息相关，对人类文明的进步产生了深刻的影响。本书从人类关于月球的神话传说、宗教哲学、文学艺术、风俗习惯等方面诠释了人类文化同月球的关系；从月球的地形地貌、内部结构等方面阐述了月球的地质特点；从月球的矿产资源、特殊环境等方面揭示了月球巨大的开发利用价值；从月球的起源与演变探讨了月球起源的四大假说，预测了月球演化的未来走向；从人类探月的过程分析了未来人类探月的动因、特征、模式与手段。

适合科学爱好者及青少年阅读。

图书在版编目(CIP)数据

月球万象/肖龙主编. —长沙：湖南大学出版社，2014.4（2021.5重印）
(月球与人类丛书/钟志华主编)
ISBN 978-7-5667-0641-6

Ⅰ.①月··· Ⅱ.①肖··· Ⅲ.①月球探索-青少年读物
Ⅳ.①Ⅴ1-49
中国版本图书馆CIP数据核字（2014）第064611号

月球与人类丛书——月球万象
YUEQIU YU RENLEI CONGSHU——YUEQIU WANXIANG

组　　编：教育部深空探测联合研究中心
丛书主编：钟志华　分册主编：肖　龙
丛书策划：雷　鸣
项目责任人：刘非凡
责任编辑：王和君　张建平　张　毅　责任校对:全　健
出版发行：湖南大学出版社有限责任公司
社址：湖南·长沙·岳麓山邮编：410082
电话：0731-88822559（发行部），88822264（编辑室）
　　　0731-88821006（出版部）
传真：0731-88649312（发行部），88822264（总编室）
电子邮箱：hnuplff@126.com
网址：http：//www.hnupress.com
印装：北京洲际印刷有限责任公司
开本：730mm×960mm　16开　印张：11　字数：181千
版次：2014年4月第1版　印次：2021年5月第2次印刷
书号：ISBN 978-7-5667-0641-6
定价：38.00元

目 录

第一章　月球印象

1．太阳系中的月球

我们现在所处的太阳系是一个恒星系统。这个恒星系统之所以被称为太阳系，是因为它是以太阳为中心，由太阳和所有受到太阳引力约束的天体所组成的一个系统（见图1–1）。在这个系统中有8颗行星，按照离太阳的距离从近到远，它们依次为水星、金星、地球、火星、木星、土星、天王星、海王星。此外还有至少165颗已知的卫星，以及数以亿计的形形色色的小天体。月球就是太阳系中的一颗普通的卫星。

图1–1　太阳系

卫星是环绕一颗行星按闭合轨道周期性运行的天体。但是如果两个天体质量相当，它们所形成的系统一般称为双行星系统，而不是一颗行星

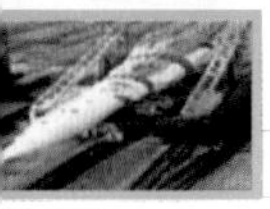

和一颗天然卫星。由于月球的直径只有地球的1/4，质量是地球的1/81，因此，月球成为环绕地球这颗行星运转的天然卫星。在太阳系里，除水星和金星外，其他行星都有天然卫星。

卫星环绕行星运行，行星又环绕着恒星运转。在太阳系中，太阳是恒星，地球及其他行星都环绕太阳运转，月亮、土卫一、天卫一等星球则分别环绕着地球或其他行星运转，这些环绕行星运行的星球就叫作行星的天然卫星。

在太阳系中，可以从不同的角度观察月球，目前地球人类所能做到的，就是从地球和火星两个星球来观察月球。图1–2是在地球上能够看到的最为清晰的月球图片之一。

图1–2　在地球上看月球

图1–3　“阿波罗”飞船在月面拍摄的地球照片

2．月球表征

月球是一个南北极稍扁、赤道稍许隆起的扁形球，它的平均极半径比赤道半径短500 m。南北极区也不对称，北极区隆起，南极区洼陷约400 m。月球的平均直径约为3 476 km，大约是地球的1/4，体积大约是地球的1/49。月球的表面积有$3\ 800\times10^4\ km^2$，还不如亚洲的面积大。月球的质量约7 350亿亿吨，月面重力则差不多相当于地球重力的1/6。

月球表面有阴暗区域和明亮区域之分，明亮区域是高地，阴暗区域是平原或盆地等低陷地带，前者被称为月陆，后者被称为月海。从整个月球表面看，月海约占月球总面积的20%。当然，月海并不是真正的海洋。早期的天文学家在观察月球时，以为发暗的地区都有海水覆盖，因此把它们称为“海”。著名的有云海、湿海、静海等，它们与地球上的海洋和湖湾是完全不同的，那里根本连一滴水都没有。月球上的高原和山脉，其组成

物质主要是比较古老的岩石，对太阳光的反射能力很强，相比之下显得非常明亮。“阿波罗”号系列飞船在月球上实地考察的结果证明，这种对月面明暗区域的解释，是完全正确的。在明亮山脉部分，那里山脉纵横、层峦叠嶂，到处都是星罗棋布的环形山，还有许多大大小小由小行星和陨石撞击或月球表面的火山喷发造成的凹坑，即月坑（见图1–4）。月球上直径大于1 km的月坑多达33 000多个。

月球本身并不发光，只反射太阳光。月球亮度随日、月间距离和地、月间距离的改变而变化。并且月球也不是一个良好的反光体，它的平均反照率只有7%，其余93%的太阳光均被月球吸收。月海部分的反照率更低，约为6%，所以看上去暗淡无光，而月面高地和环形山的反照率则达到17%，因此月球呈现出明暗不同的差异性来。

图1–4　月坑

月球有一个非常稀薄、接近真空的大气层。由于缺少像地球大气层的保护，太阳光直接照射在月球上面，所以生命很难存在。月球早期岩浆与火山活动时释放了大量的火山气体，然而这些火山气体却不知在何时消失殆尽。如今月球上极稀

薄的大气层有可能来自于太阳风。由于月球上没有类似地球上的大气，再加上月面物质的热容量和导热率又很低，因而月球表面昼夜的温差很大。白天，在阳光垂直照射的地方温度高达127 ℃；夜晚，温度可降低到-183 ℃。月面上壤中较深处的温度则很少变化，这是由于月面物质导热率低造成的。大量的观测数据表明，月球的磁场非常弱。

现在的月球表面既无大气，也无水分，没有风霜雪雨，没有江河湖海，更不要说鸟语花香的生命现象了，月球就是个死寂的星球。但是，这并不意味着月面上什么变化都没有发生过，在月球已经存在和演化的几十亿年历史中，不可能是一片空白，什么事情也没有发生过。事实上，月球的地质活动曾经很强烈。

3．月球的运动

月球作为地球的天然卫星，也是距离地球最近的较大天体，它与地球的平均距离约为384 400 km。月球从它诞生之日起就一直围绕地球旋转，并且同地球一起构成一个地月系统，共同围绕着太阳运转。月球围绕地球的旋转轴和轨道呈确定的几何关系。见图1–5。

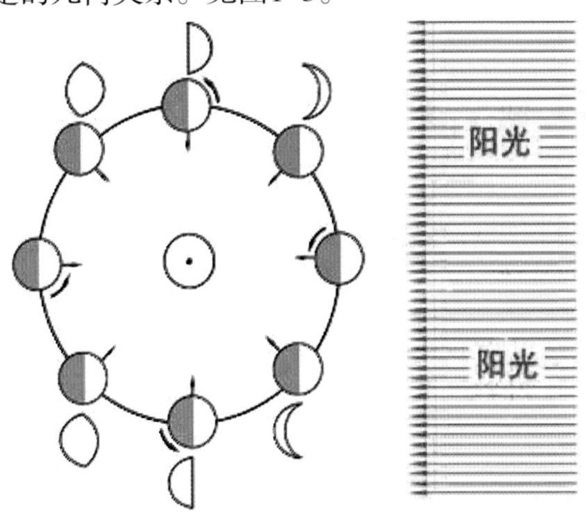

图1–5　月球运行轨道

月球和地球都是围绕地月系统的质量中心转动。地月质量中心到地球中心和到月球中心的距离之比等于质量的反比率。这个距离大约离地球中心4 671 km，离月球中心则有379 729 km。因此，月球虽然不是围绕地心旋转，但仍然围绕地球在旋转。月球以椭圆轨道绕地球运转，科学上把月球在这个轨道运行的轨迹称为白道。白道和黄道（即地球绕太阳运行的轨迹）倾斜角成5° 8′ 843″ 的角度，因而月球总是在黄道附近的星座徘徊。月球绕着地球运转的时候，其特殊引力吸引着地球上的水与其共同运动，形成了潮汐。潮汐也为地球早期水生生物走向陆地创造了条件。

月球在绕地球公转的同时进行自转，周期同为27.32166日，正好是一个恒星月，所以我们看不见月球背面。这种现象是卫星世界常见的规律，可以称之为同步自转。月球在自己的轨道上绕地球运行的平均速度为1.023 m/s，同时，月球以每年13 cm的速度，远离地球。这就意味着，总有一天月球会离开我们的视线，但恐怕至少需要几十亿年。

月球每天东升西落的运动是地球自转的反映。月球围绕地球的转动表现于它在星座间自西向东移动，移动一周历时一个恒星月，平均每天东移13°，因此，月球升起的时间平均每天推迟50分钟左右。不过，一年四季中每天月球升起实际的推迟时间是不一样的，这并不是月球的运动有多大的差异，而是白道和地平的交角在变化。月球升起时，如果白道和地平的交角小，月球比前一天升起推迟的时间就短；如果交角大，升起推迟的时间就长。

月球运动呈椭圆轨道，它离地球最远时有406 699 km，最近时约356 399 km，平均距离约为384 400 km。由于地月系的几何关系，在地球上观看月球起落时间是不同的。见图1-6。

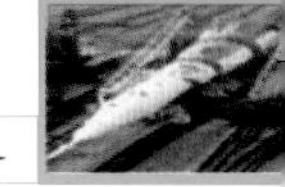

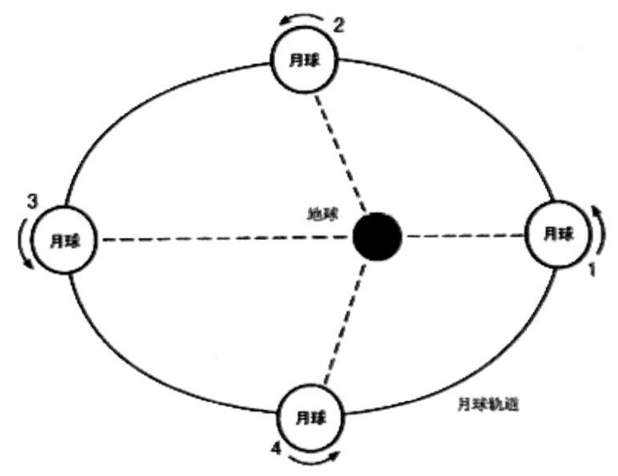

图1–6　月球起落时间差

4．月球的构造

月球是一个主要由硅酸盐成分岩石构成的刚性球体。跟地球一样，月球内部也具有层圈结构，从中心到月表，月球依次可分为月核、月幔和月壳三层圈。见图1–7。

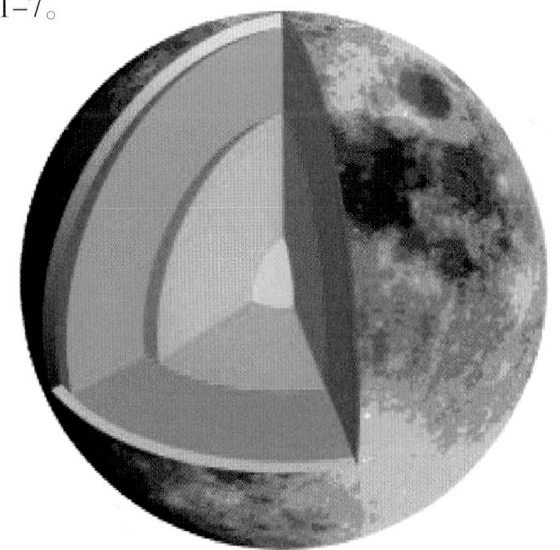

图1–7　月球构造

月壳：处于月球内部构造的上部，厚60～65 km。根据月岩类型和性质

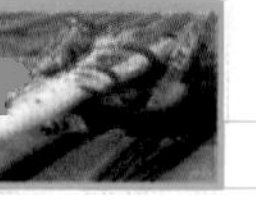

的不同，可分为上下两层，上层厚25 km左右，下层厚30 ~ 40 km。在月壳的表层，包括从表面到深约2 km的区域，主要由斜长岩等月岩碎块和粉尘般土壤组成。

月幔：月壳之下是月幔，它是月球内部构造的中间部分，也是整个月球体积的最大部分。月幔的范围至少可以延续至1 000 km的深度，穿过此深度后，月震波速很快衰减，表明其内部物质是不均一的，有可能存在熔融层，因此月幔被分为上月幔、下月幔和衰减带。上、下月幔的界面在约500 km深度处，而下月幔与衰减带界线的深度约为1 000 km。上月幔主要由辉石组成，橄榄石为次发矿物（辉石/橄榄石>1）；下月幔的矿物组成与上月幔相同，但橄榄石比辉石多（辉石/橄榄石<1）。在约1 000 km的深度，岩石发生了部分熔融，这一段是深月震的发源地。估计月幔的温度约为500 ℃。

月核：月球表面约1 000 km以下的月球中心区域称为月核，它厚约700 km，温度可达800 ℃。月震数据表明，月球不可能像地球一样有一个高密度的铁镍金属核，而可能是由热的、具有一定可塑性的、部分熔融的硅酸和铁、镍、硫所组成的，相当于地球的软流圈，很可能处于熔融状态，主要由铁、镍、硫等物质构成。

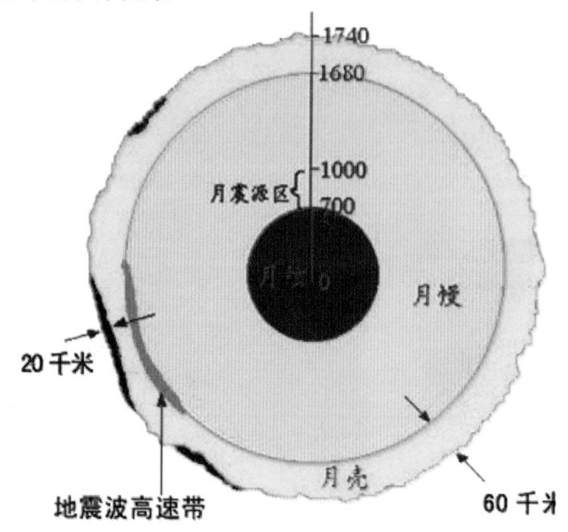

图1–8　月球内部构造

5．月球资源

月球的矿产资源极为丰富，地球上最常见的17种元素，在月球上比比皆是。以铁为例，仅月面表层5 cm厚的沙土就含有上亿吨铁，而整个月球表面平均有10 m厚的沙土。月球表层不仅铁异常丰富，铝的含量也十分丰富。

月球拥有的稀有金属的储藏量也比地球要多。月球岩石中含有地球中全部元素和60种左右的矿物，其中6种矿物是地球没有的。月球上的岩石主要有三种类型，第一种是富含铁、钛的月海玄武岩；第二种是斜长岩，富含钾、稀土和磷等；第三种主要是由0.1～1 mm的岩屑颗粒组成的角砾岩。

月球土壤中还含有丰富的氦－3。氦－3被认为是一种高效、清洁、安全、廉价的核聚变发电燃料。氦－3是氦的同位素，含有两个质子和一个中子。它有许多特殊的性质，其中最主要的性质是它作为能源的潜力。氦－3可以和氢的同位素发生核聚变反应，但是与一般的核聚变反应不同，氦－3在聚变过程中不产生中子，所以放射性小，而且反应过程易于控制，既环保又安全。地球上氦－3的储量总共不超过几百千克，难以满足人类的需要。而月球土壤中氦－3的含量估计为715 000 t。从月球土壤中每提取1t氦－3，可得到6 300 t氢、70 t氮和1 600 t碳。这对于能源日益紧缺的地球来说，无疑是一大福音。

月球表面的22个主要的月海里分布着大量的月海玄武岩，这些月海玄武岩中蕴藏着丰富的钛、铁等资源。而在月球高地的岩石中，又富含钾、稀土元素和磷等资源。此外，在月球上广泛分布的克里普岩，又富含钍、铀元素和稀土元素，总资源量为225亿~450亿t。此外，月球还蕴藏有丰富的铬、镍、钠、镁、硅、铜等金属矿产资源。

图1-9　月球资源开发基地

6. 日食、月食现象

6.1　传说中的日食、月食

较之其他宇宙天文现象，日全食更具有强烈的视觉震撼力。刚刚还是艳阳当空，突然间太阳消失，大地一片黑暗，阴风四起，气温下降，百鸟归巢，鸡犬不安，此情此景不由得让人毛骨悚然、心生恐惧。

远古时代，人们不知道日食发生的原因和机理是什么，他们都认为日食是一种超自然现象，是灾难降临的先兆。古代人类对日食充满了敬畏与恐惧，并试图用各种方法去抚慰上天，乞求神灵的保护，由此也留下了很多关于日食的传说。

在中国，“天狗食日”的传说早就广为流传。按照这一传说，日食是“天狗”吞食太阳造成的。为了拯救太阳，民众们便会成群结伙，鸣锣击鼓，举火照明以驱赶天狗。天狗听到地上响声大作，便会吓得把太阳吐出来。对此传说，上至帝王将相下至黎民百姓都深信不疑。古人甚至将日食现象同政治联系起来。汉文帝时，文帝就认为日食是上天对君臣治国不力的一种警示。因此当日食发生时，统治者也会痛心疾首地自我反省，一方面检讨自己，一方面告示后人。

图1-10　台湾嘉义民众敲盆驱赶天狗吞日

其他国家和民族的历史上也留下了很多关于日食的传说和记载，绝大多数民族都认为日食现象是太阳被一种怪物吞食了，至于这个怪物是什么，却众说纷纭，莫衷一是。斯堪的纳维亚人认为这个怪物是天狼，阿根廷人认为是美洲虎，印度人认为是一种怪兽，西伯利亚人认为是吸血的僵

尸。对于怪物吞食太阳的原因，阿斯特克族人认为是魔鬼即将降临人间吃掉人类的信号，因此每当日食发生之时，阿斯特克族的女人都会歇斯底里地叫喊，就像末日来临之际的垂死挣扎一样。斯堪的纳维亚人则认为日食是两只叫作“斯科尔”和“海蒂”的天狼在互相追逐，在相互纠缠中把太阳给吞食了。印度人则把日食现象归咎于一个叫“拉胡”的魔鬼，认为是它把太阳咬了一口，从而导致太阳突然消失。

当日食发生时，各个民族对其反应也各具特色。美国奥吉部尔的印第安人在日食发生时会向天空发射带火焰的箭，试图再度点燃太阳。日本历史上把日食视为一个特殊的日子，因此必须以某些变化来应对，在日食那天，人们可以停止工作，囚犯可以获得大赦。在印度，日食发生时孕妇是不能外出的，否则生下的孩子可能会像残缺的太阳一样成为兔唇，并且不能够饮食日食前烧煮过的水和食物，认为那是带有霉气的东西，应该统统扔掉。还有的地方认为日食会使水产生毒气，因此日食发生时须将盛放食物和水的容器倒扣过来，以免受到污染。

尽管日食的发生并没有给古代人类的身体带来直接的伤害，但由于日食现象总是同灾难、厄运等不好的象征联系在一起，因此它给人类造成的心理上的负面影响仍然是不可估量的。

后来，人们在周而复始的日食发生过程中，逐步认识到了一些日食的规律，并且开始尝试应用古代已有科学知识对日食的发生进行预测。其中最著名的预测方法是古巴比伦人发明的“沙罗周”法。古巴比伦人发现，每过6 585.3天，也就是223个阴历月，就会重复上一次发生日食的情况。中国汉代历史上就记载了日食有135个阴历月周期的规律，因而也被称为“三统历周期”。汉朝的刘向和王充甚至已经形成了“日蚀者，月往蔽之”和“日食者，月掩之也”的认识，说明古人对日食的认识已经达到了一个相当的高度。古希腊时期的自然哲学家泰勒斯还预测了一次日食的发生。当然，古代人类对日食的认识总体上是肤浅的，对日食的预测也是粗略的，只能大致地推算出某个时间段，而不能准确预测日食发生的时间和区位。

无论是日食还是月食，对于地球人来说都是一样的，都是天上的两

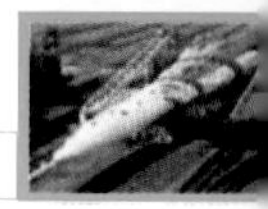

个星球被什么东西给遮挡住了，因此古代人类对日食与月食的认识也非常相似，人们像害怕日食一样害怕月食，像应对日食一样应对月食。据说在16世纪初，哥伦布航海到了南美洲的牙买加，与当地的土著人发生劳务冲突。哥伦布和他的船员们被困在一个地方，断水断粮，情况非常危急。对天文知识略知一二的哥伦布知道当天晚上要发生月食，就警告土著人说，如果他们不提供水和食物，就不给土著人月光。土著人不信，到了晚上，月食果然发生了，刚刚还在的月亮突然之间消失了。土著人害怕了，不仅答应了哥伦布的要求，还同哥伦布化干戈为玉帛。

公元前2283年美索不达米亚的月食记录是目前世界上最早的月食记录，公元前1136年中国也有了文字的月食记录。公元前4世纪，亚里士多德从月食中看到地球的影子是圆的，从而推断地球是圆的。公元前3世纪古希腊的天文学家阿里斯托克（Aristarchus）和公元前2世纪的伊巴谷（Hippachus）都尝试通过月食来测定太阳—地球—月球系统的相对大小。伊巴谷还尝试在相距遥远的两个地方同时观测月食来测量地理经度。到了公元2世纪，托勒密利用古代月食记录来研究月球运动，这种方法一直延续到现在。在火箭和人造地球卫星出现以前，人类一直是通过观测月食来探索地球的大气结构的。

科技发展到今天，笼罩在日食、月食现象上的神秘面纱已经一扫而空，在全球范围内，日食、月食每年总要发生两三次，但日全食则只会覆盖全球1%的区域。因此，就某一特定区域而言，大约三百年才能见到一次日全食。2009年7月的长江日全食，开始于印度的西部，经中印、中缅边境进入我国，穿越长江流域进入太平洋，然后经过琉球群岛，最后在太平洋中部结束，涉及的区域之多使之成为21世纪以来规模最大、观测范围最广的一次日食。

17世纪牛顿创立的万有引力定律能够超长距离地预测到行星运行的轨道，让人感受到科学的神奇力量。当今人类借助天文学理论和计算机技术，已经能够超长时间地提前预测到下一次日食、月食的发生，精确到日食、月食出现的分分秒秒和每一个细节。

远古时代人类对日食、月食的恐惧是有原因的，因为他们无法理解太阳和月亮为什么突然消失，这种现象会在什么时候发生，又会给人类带来什么后果或影响。因而人们除了顶礼膜拜外，再也不能做别的什么。如今，虽然太阳还是那个太阳，月亮也还是那个月亮，但日食、月食在人们心目中的印象已经变化，科学一扫愚昧所赋予的神秘内涵。当日食、月食来临时，人们不再恐惧，反而平添了一分欢悦，并且在从容淡定地观察日食、月食的过程中感受自然，体悟生活的真谛。

6.2　科学视角下的日食、月食

日食、月食是月球、地球在运行中发生的一种特殊的天文现象。日食是日面被月面遮掩而变暗甚至完全消失的现象。当月球运行到太阳与地球中间时，太阳、月球与地球三点成一条直线，地球上被月球遮住太阳的地区就是日食点。而月亮的一部分或全部都遮住了太阳，就发生日食现象。日食发生时，阳光逐渐减弱，太阳面被圆的黑影遮住，天色转暗，全部遮住时，天空中可以看到最亮的恒星和行星；几分钟后，从月球黑影边缘逐渐露出阳光，开始发光、复圆，日食结束。由于月球比地球小，只有在月影中的人们才能看到日食。日食可以分为三类：日全食、日偏食和日环食。月球把太阳全部挡住时为日全食，遮住一部分时为日偏食，遮住太阳中央部分为日环食。发生日全食的延续时间不超过7分31秒。日环食的最长时间是12分24秒。日全食的发生过程可分五个阶段：初亏（偏食开始）、食既（全食开始）、食甚（地球上看到的亏蚀最大）、生光（全食结束）、复圆（偏食终了，日食的过程结束）。而偏食只有三个阶段，没有食既和生光。日食的“食分”是指太阳亏蚀的程度，以太阳直径为单位计算；月食的“食分”是月亮边缘深入到地影的距离，以月亮直径为单位。图1–11为日食。

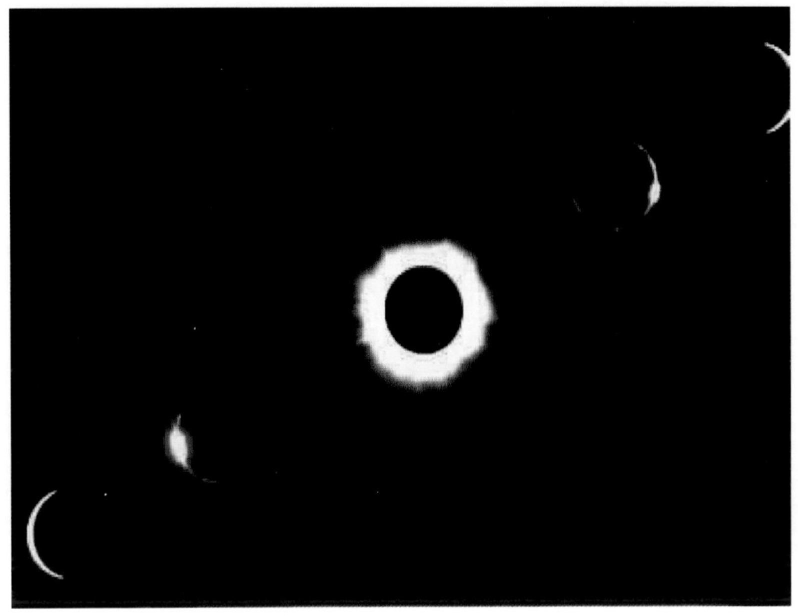

图1–11　日食

然而月亮运行到太阳和地球中间并不是每次都发生日食，发生日食需要满足两个条件：其一，日食总是发生在朔日（农历初一），不可能在其他时间发生。当然也不是所有朔日必定发生日食，因为月球运行的轨道和太阳运行的轨道并不在一个平面上。其二，太阳和月球都移到白道和黄道的交点附近，太阳离交点处有一定的角度时，日食才可能发生。

由于月球、地球运行的轨道都不是正圆，日、月同地球之间的距离时近时远，所以太阳光被月球遮蔽形成的影子，在地球上可分成本影、伪本影和半影。

本影是指太阳光线都不能到达的区域；伪本影是指太阳光的中间光线被遮住，但是边缘能射到的区域；半影是指部分光线不能到达的区域。见图1–12。

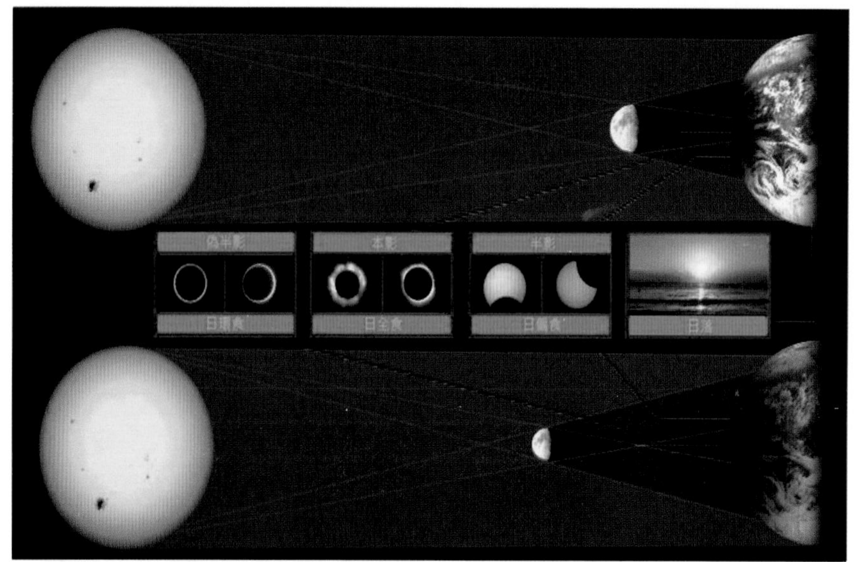

图1–12　本影、伪本影、半影

观测者处于本影区可看到日全食，在伪本影区可看到日环食，而在半影区只能看到日偏食。无论是日偏食、日全食还是日环食，时间都是很短的，在地球上能够看到日食的地区也很有限。这是因为月球比较小，它的本影也比较小而短，因而本影在地球上扫过的范围不广，时间不长。

月食则是当月球行至地球的阴影后，太阳光被地球遮住时产生的一种天文现象。每当农历十五日前后，太阳、地球、月球几乎恰好在同一条直线上，这样从太阳照射到月球的光线，会被地球所掩盖。月食发生的时候，太阳和月球的方向会相差180°，所以月食必定发生在“望”（即农历十五日前后）时。由于太阳和月球在天空的轨道（分别为黄道和白道）并不在同一个平面上，而是有约5°的交角，所以只有太阳和月球分别位于黄道和白道的两个交点附近时，才有机会连成一条直线，产生月食。见图1–13。

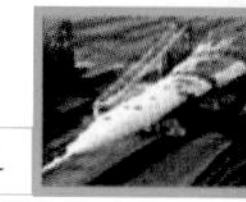

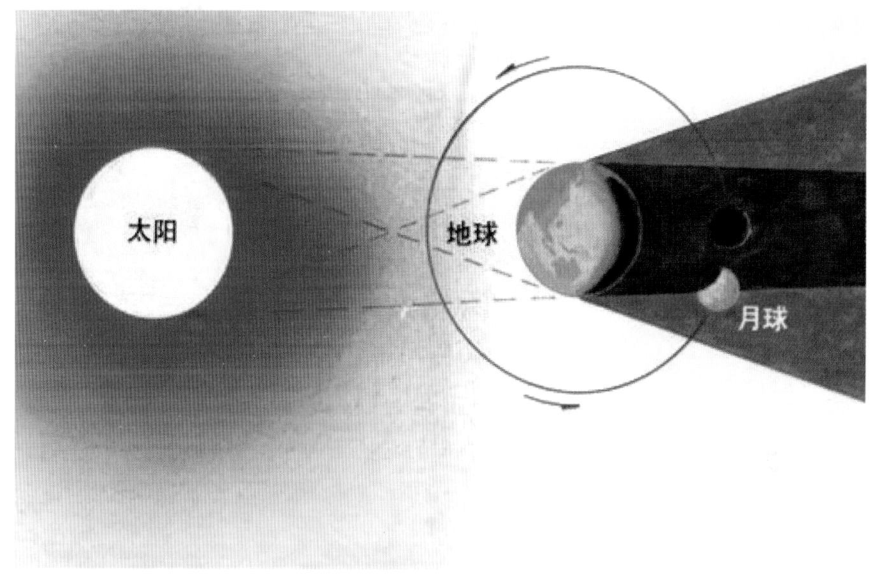

图1-13　月食机理

月食可分为月偏食、月全食两种。当月球只有部分进入地球的本影时，就会出现月偏食；而当整个月球进入地球的本影之时，就会出现月全食。由于地球的本影比月球大得多，这也意味着在发生月全食时，月球会完全进入地球的本影区内，所以不会出现月环食这种现象。至于半影月食，是指月球只是掠过地球的半影区，造成月面亮度极轻微的减弱，很难用肉眼看出差别，故不称为月食，所以月食只有月全食和月偏食两种。

月食的过程也分为初亏、食既、食甚、生光、复圆等五个阶段。当月球刚刚和半影区接触，这时月球表面光度略为减少，但肉眼较难觉察，称为半影食始；当月球由东边缘慢慢进入地影，月球与地球本影第一次外切，即进入初亏阶段，标志月食正式开始；当月球全部进入地球本影内，并与本影第一次内切，月食进入食既阶段；当月圆面中心与地球本影中心最接近的瞬间，此时前后月球表面呈红铜色或暗红色，月食便进入食甚阶段；当月球在地球本影内移动，并与地球本影第二次内切，月球东边缘与地球本影东边缘相内切，月食进入生光阶段，标志全食阶段结束。如果是月偏食，则没有食既、生光阶段，食甚也只表示最接近地球阴影的时刻。

月球被食的程度叫“食分”，它等于食甚时月轮边缘深入地球本影最远距离与月球视经之比。图1-14为月偏食。

图1-14　月偏食

月食一般每年发生两次，最多发生三次，有时一次也不发生。因为在一般情况下，月亮不是从地球本影的上方通过，就是在下方离去，很少穿过或部分通过地球本影，所以一般情况下就不会发生月食。

7．潮汐效应

日、月引潮力的作用，使地球的岩石圈、水圈和大气圈中分别产生的周期性的运动和变化，总称潮汐。潮汐包括地潮、海潮和气潮，但由于海潮现象十分明显，易于被人们观察到，并且与人们的生活、经济活动、交通运输等关系密切，因而习惯上将潮汐一词狭义地理解为海洋潮汐。见图1–15。

图1–15　海洋潮汐

关于潮汐产生的原因，在近代科学产生以前，人们已经意识到海洋潮汐现象与月亮的盈亏圆缺有密切的关系，然而这种意识缺乏科学的根据。直到17世纪80年代英国科学家牛顿创立万有引力定律以后，才对潮汐产生的原因作出了科学的解释：任何天体对另一天体不同部分与其中心的引力差称为“潮汐力”。在地球与月球中心的连线方向，地球朝向月球的那一面比地心处所受到的引力大，海水则受到朝向月球的拉力，产生所谓“潮

汐隆起”。地球的自旋周期比地—月轨道周期短，于是，地球的不同部分指向月球，并被潮汐力拉伸。地球上的水比固体地球更容易受潮汐变化的影响，引起在海岸线看到的水平面变化。地球自旋与月球轨道运动效应的组合，使得月球大约每25小时通过地球给定地点的上方，每天总有两次潮汐。我们看到的潮汐主要是半日潮汐。图1–16为潮汐景观。

图1–16　潮汐景观

中国人称早晨海水上涨为潮，黄昏上涨为汐，合称潮汐或海潮。自从17世纪英国人牛顿提出万有引力定律后，引潮力被认为是产生潮汐的原因，并在此基础上形成了潮汐学。地球上的引潮力因时因地而异。太阳引潮力只有月球的46%，前者产生太阳潮，后者产生太阴潮。在潮汐发生的过程中，当潮位升至最高点时称为高潮或满潮，保持阶段称为平潮，随后降落，至最低点称为低潮或干潮，保持阶段称为停潮，随后又上升，反复波动。高潮和低潮的潮位差值称为潮差。

由于月球、太阳和地球的相对位置变化，引潮力也不断发生变化，

从而导致潮汐不等现象。农历每月的朔（初一）和望（十五或十六），月球、太阳、地球处于一条直线上，两种引潮力相互加强，潮差达极大值，称为大潮或朔望潮；上弦（初八或初九）和下弦（廿二或廿三）因三者处于正交三角形的顶点，两种引潮力相互削弱，潮差出现极小值，称为小潮或方照潮。大潮小潮顺次更迭，都是约每半月出现一次，故称半月不等现象。此外还有月不等、赤纬不等、日不等等现象。

太阳也引起地球的半日潮汐。由于太阳到地球的距离比月球到地球的距离大得多，施于地球的潮汐力只有月球的1/2.7，因此，月球潮汐是主要的。

潮汐可视为许多周期不同和振幅各异的分潮所合成，主要分潮有太阴半日分潮、太阳半日分潮、太阴太阳合成日分潮、太阳日分潮等。合成的结果使不同的地点出现不同的潮汐类型，依周期不同可分为半日潮、混合不正规半日潮、混合不正规全日潮和全日潮等。

8．月球未解之谜

月球科学不同于数学、物理学、化学等一般的自然科学，月球事件的发生都是以百万年、千万年甚至亿年为计量单位的，并且具有不可重复性——月球上已经发生过的事件是不会再重复的。这使得人类对于月球的认识更多是以假说的形式存在的，也许永远无法得到经验的验证。人类多年来一直孜孜以求地探索月球，但时至今日，月球对于人类来说，仍然有许多未解之谜。

8.1　月球起源之谜

科学无法再现或模拟月球的起源过程，所以尽管对于月球的起源提出了众多的假说，但所有的假说都缺少足够的经验支持，从而没有完成由假说向理论的转化。

月球起源问题是所有月球问题的基本问题，月球起源问题的解决决定

了解决月球其他问题的方向。换句话说，月球的很多问题其实都同月球的起源问题相关，都可以把它还原成一个月球起源问题。例如月球的年龄问题，从月球带回的岩石标本的年龄普遍要比地球上岩石的年龄更长。阿姆斯特朗在静海降落后捡起的第一块岩石的年龄是36亿岁，后来从月球上获取的一些岩石的年龄几乎和太阳系的年龄一样大，高达45亿岁，而地球上已经发现的最古老的岩石只有37亿岁，同月球上岩石的年龄相去甚远。并且这些古老的岩石都采自科学家认为是月球上最年轻的区域。如果根据这些证据，那我们有理由推断，月球在地球形成之前很久很久便已在星际空间形成了。这样一来，月球的年龄问题还是变成了月球的起源问题。

8.2 月球形状和质量之谜

形状不规则。月球不是规则球形，月球的极直径小于月球赤道的直径。仔细观察月球形状，就好像被人捏住两极“挤”过一样，成为一个扁球。如果沿赤道把月球分成两半，截面不是正圆，而是像橄榄球一样的椭圆（见图1–17），“球尖”指向地球，处于月球与地球地心连线上的月球半径被拉长。月球的这种不规则形状究竟是月球初期就形成的，还是在同地球相互作用的过程中形成的？如果是后者，月球会不会继续扁平下去？目前月球在自转时发生的颤抖现象是否同月球的不规则相关？这些问题，人类至今还不得而知。

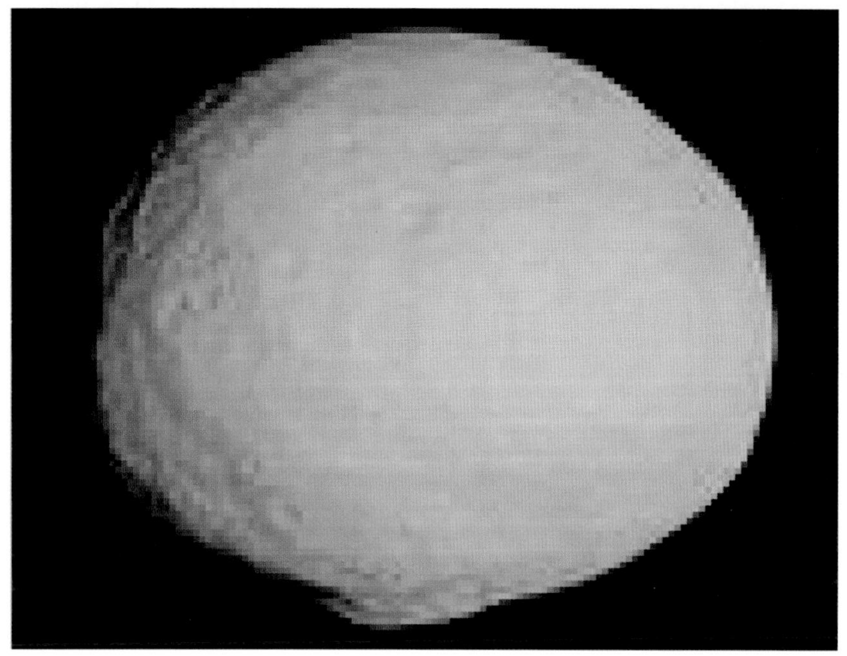

图1-17　椭圆形的月球

质量不均匀。月球面对地球一面在物质构成及外貌方面与背对地球一面差异很大：面对地球一面的地壳比背面的地壳薄许多，且面对地球一面主要是由玄武岩构成的广阔平原，即月海。而背对地球的一面地壳厚很多，并且拥有更多的陨石坑，几乎没有月海。由于质量不均匀，月球的质量中心偏离了几何中心约1.6 km。

8.3　月球生命之谜

现在的月球上没有生命，因为月球上已经没有了物理的、化学的运动，月球是一个死去的星球。这一点也被人类探月的实践所证明，在多年的探月过程中，始终没有发现这个离地球最近的星球上存在生命的迹象，至少在月球的表层不具备生命存在的环境。

但是月球上现在没有生命不等于过去也没有生命。2009年10月9日，半人马座火箭、月球坑观测和传感卫星相继撞击了月球南极附近的凯布斯

坑。通过撞月，证实在月球一个永久性阴暗区有水存在。月球上有水、二氧化碳、二氧化硫、甲烷及一些碳化物，这意味着月球曾经具备生命产生的某些条件。目前人类的活动仅仅停留在月球的表层，尚不清楚在月球的深层会不会曾经有过生命。月球作为地球的卫星，在地球早期阶段的宇宙碰撞中，地球为月球带来了数百万吨的陨石。这些陨石会不会把地球的某些生命遗迹，例如包含着微生物的化石一块带到月球上？而这些生命现象不过是随着月球环境的变化，被历史给淹没了而已。

第二章 月亮文化

“明月几时有，把酒问青天。不知天上宫阙，今夕是何年。”宋代大文学家苏轼对月亮的追问，把人引向广阔无垠的太空，引向离人类最近又最具神秘色彩的月球。古今中外，无数文人墨客为“月”竞折腰，由此也留下了无数美丽的神话传说和诗词书画，形成了源远流长的月球文化。

1．月亮传说：听妈妈讲月亮的故事

在月球文化中，神话传说应该是产生最早的。远古时期，人们在晴朗的夜晚，仰望皎洁的明月。看到月亮表面有明有暗，形状奇特，于是人们就编出如嫦娥奔月、吴刚伐桂、玉兔捣药等美丽神话传说。古希腊人则把月球看作美丽的狩猎女神阿尔忒弥斯，并且把女神狩猎时从不离身的银弓作为月球的天文符号。事实上，这些神话传说不仅仅是古人的猜测和想象，它也包含了人们的期待和向往。在这些神话传说中，最广为人知的当数嫦娥奔月。

1.1 嫦娥应悔偷灵药，碧海青天夜夜心

据说远古的时候，天上曾有十个太阳，晒得大地冒烟、海水干枯，老百姓苦不堪言。当时有个叫羿的英雄力大无比，他用宝箭一口气射下九个太阳。最后那个太阳一看大事不妙，连忙认罪求饶，羿才息怒收弓，从此这个太阳按照羿的要求按时起落，把温暖的阳光洒向大地。后来羿在西

王母娘娘处得到了可以升天成仙的长生不老药，羿舍不得心爱的妻子和乡亲，不愿自己一人升天，就把长生不老药交给妻子嫦娥收藏起来。

羿有个徒弟叫蓬蒙，是个奸诈小人，一心想偷吃羿的长生不老药，好自己升天成仙。这一年的八月十五，羿带着徒弟们出门打猎去了。天近傍晚，找借口未去打猎的蓬蒙闯进嫦娥的住所，威逼嫦娥交出长生不老药。嫦娥不愿意把药给蓬蒙，迫不得已仓促中把药全部吞下肚里。马上，她便身轻如燕，飘出窗口，直上云霄。由于嫦娥深爱自己的丈夫，最后她就在离地球最近的月球上停了下来。见图2–1和图2–2。

图2–1　嫦娥奔月

嫦娥到达月亮以后，羿心如刀绞，拼命朝月亮追去。可是，他进月亮也进，他退月亮也退，永远也追不上。羿思念嫦娥，此后的每年八月十五晚上，羿和乡亲们都在月光下祭月，寄托对嫦娥的思念，年年如此，代代相传。由于八月十五正值中秋，就把这天定为中秋节。

关于嫦娥奔月的传说还有多个版本，例如长生不老药是嫦娥自己偷吃

的，到月球后与羿隔天相望，嫦娥又十分后悔等。无论如何，在嫦娥吃了长生不老药进入月球这一点上是完全一致的。

图2–2　寂寞嫦娥舒广袖

嫦娥为何奔月，而非奔日呢？可以想象到的理由是：第一，在嫦娥奔月以前，就已经有了“月为不死之乡”的神话，月不死神话早于嫦娥奔月的传说，这样嫦娥服了西王母不死之药后，便直奔月球。因为奔赴月球就是奔赴“不死之乡”，这样就实现了长生不老的愿望。第二，月是女性的象征。中国秦汉文献中视月为阴、女性。郭沫若在《卜辞通纂》中分析了羲和与常仪的演变关系：“生月的常羲，后来变成奔月的嫦娥。”他认为这种关系是嫦娥奔月神话的本源。

当然，从某种意义上讲，正因为有了美丽的嫦娥奔月传说，月球才获得了“月亮女神”的光环。

1.2 问讯吴刚何所有，吴刚捧出桂花酒

在中国人的心目中，月球上有三个人物是尽人皆知的。这三个人物就是：嫦娥、吴刚和小白兔。也许是人们不希望善良美丽的嫦娥独自待在月球上备感孤独，于是便有了吴刚伐树的传说，还有陪伴在吴刚身旁的小白兔，让荒凉的月球平添几分生气。

相传在月球上有一棵高五百丈的月桂树。汉朝时有个叫吴刚的人，醉心于仙道而不专心学习，惹怒了天帝，便把他拘留在月宫，令他在月宫伐桂树。但是此桂树非彼桂树，吴刚每砍一斧，桂树的创伤就马上愈合，他又得继续砍。日复一日，吴刚伐桂的任务却一直未能完成，始终砍不倒这棵桂树，这样就有了吴刚在月中无休止砍伐月桂的形象。见图2–3。

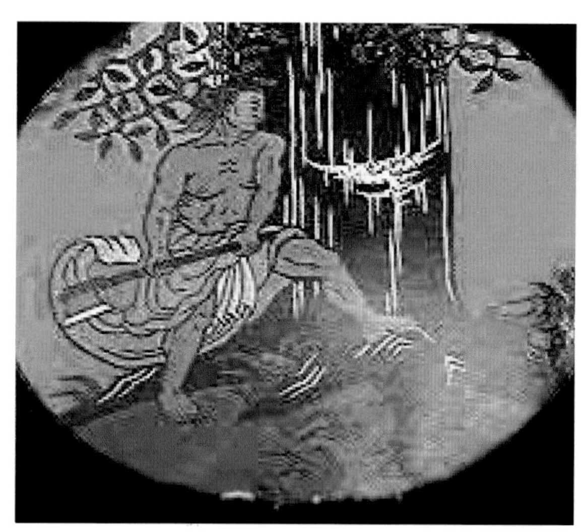

图2–3 吴刚伐桂

吴刚伐桂时，在他旁边还有一只小白兔，在那里不停地捣药。据说这只小白兔是嫦娥的化身。因嫦娥奔月后，触犯玉帝的旨意，于是将嫦娥变

成玉兔，每到月圆时，就要在月宫里为天神捣药以示惩罚。

图2-4　玉兔捣药

吴刚伐桂和玉兔捣药的传说体现了中国古代神话传说中的惩罚意识，它是原始先民内心自我意识的发泄，也是人类对周边环境关系思考的体现。让吴刚去砍一棵永远砍不断的桂树，小白兔去捣永远捣不完的药，都是因为行为上的过错而受到惩罚。原始先民们将自己内心对于不良品德行为的惩罚和意见融入到神话传说中并加以传播，旨在以这种耳濡目染的方式对人类的行为进行告诫和劝阻，促使人们担心受到惩罚而对自己的行为进行调节和控制。

1.3　清风明月本无价，近山遥水皆有情

在远古的神话传说中，还滋生出很多同爱情相关的月球故事。“月下老人”故事就是其中之一。

月下老人是神仙家族中专管人间婚姻的神仙，谁与谁能成夫妻，都是月下老人事先用红绳系足选定的。据说唐代有位名叫韦固的人，少年便丧

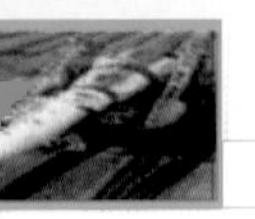

父母，总想着早点完婚成个家，然而多次求婚无果。有一次他来到宋城，同宿店中的客人，介绍他与前任清河司马潘防的小姐议婚，讲好次日早晨见面。韦固求婚心切，天刚蒙蒙亮就出门了，朦胧中见一位老人靠着背袋坐在台阶上，借着月光看书。韦固一瞧那书，却是一个字也不识，便好奇地问："老伯您看的是什么书呀？"老人笑着说："这不是世间的书，是幽冥界的书。人间的各种事情都分别由幽冥界的不同官吏分管，我就是分管天下人的婚姻的。"韦固忙问："我孤身一人，盼早完婚娶，生下子嗣，十来年中多处求婚，都没有成功。今天有人让我来向潘司马的小姐求婚，可以成功吗？"老人答："机缘还没到。你的妻子，现刚刚三岁，要十七岁才进你家门。"韦固大失所望。老人又从随身包里拿出红绳说："这红绳是用来系该做夫妇的男女之足的。当他们坐下时，我便悄悄地给他们系上。这样，即使他们原生于仇敌之家，或者一贵一贱像天地悬隔，或者一方跑到天涯海角当差，或者吴地楚国不同乡，只要这绳一系，谁也逃不脱。你的脚已系上那位的脚了，追求别的人有什么用处？"韦固又问："那么我那妻子在哪里呢？"老人答道："这店北边卖菜陈婆子的女儿。"韦固说："可以见一见吗？"老人说："陈婆子曾经抱她到这儿卖菜。你跟我走，可以指给你看。"

韦固跟老人来到菜市场，看见一个瞎了只眼的老婆子，抱着个大约三岁的小女孩，那女孩长相十分难看且破衣烂衫。老人指点他看说："这就是你的夫人。" 说完老人便消失了。韦固心中极为不悦，回去后吩咐仆人去把那女孩杀掉。第二天，仆人身藏小刀来到菜市，在人群中慌慌张张地向女孩刺上一刀，不想只刺中了眉心。小女孩受了点轻伤，并无大碍。此后，韦固又多方求婚，仍然没一次成功的。

十四年后，韦固官至相州参军。刺史王泰欣赏韦固的才干，便把女儿嫁给他。小姐时年十七岁，容貌美丽，韦固很是满意。只是小姐眉间常贴着块花钿，就是洗脸时也不取下来。完婚年余，韦固再三问戴花钿的缘由，夫人才伤心流泪说："我只是刺史的侄女，只因父母早亡，从小便同奶妈陈氏生活在一起，每天靠卖菜度日。奶妈常抱着我上菜市。十四年前

的一天，被一丧心病狂的贼子刺了一刀，刀痕至今仍在，所以用花钿盖上。前七八年，叔父到附近做官，我才跟他来这里，如今又把我当亲生女儿嫁给您。”韦固问：“奶妈的一只眼是瞎的么？”夫人说：“是呀。你怎么知道？”韦固坦白道：“刺你，是我指使的。”于是将前面发生的事叙述一遍。夫妻二人经这番波折，更加相敬相爱。后来生下儿子韦鲲，飞黄腾达，一直做到镇守边关的雁门太守。

韦固的故事传开后，人们都知道有位神仙管人间婚姻的，只是不知他姓甚名谁，只好称为“月下老人”，简称为“月老”。他的神祠、塑像便在各地兴建起来。杭州的西湖边上，便有一座月下老人祠，怀春的少女，慕偶的寡男，进去烧香、抽签、许愿的，络绎不绝。祠中的神签，七七四十九支，第一支是：“关关雎鸠，在河之洲。窈窕淑女，君子好逑。”最后一支是：“愿天下有情人都成眷属。”极为巧妙地点出了人们对月下老人祈求的主题。见图2–5和图2–6。

图2–5　月下老人

图2–6　月老祠

2. 感悟月亮：先哲对月亮的思索

2.1　月亮的哲学意向

在中国文化里，月亮一开始就不是一个普通的星球，它负载着深刻的原始文化信息，凝聚着我们民族深厚的生命情感和对人生的思考。这种情感和思考已经进入到哲学的范畴。

哲学是智慧，也是痛苦，因为它在追寻生命的起源和世界的终极的

过程中，总是会苦恼：世界是有缺陷的，人生也是不完美的。远古人类在对这个世界进行哲学考量时，浩瀚无垠的星空和时满时缺的月亮就成为了这个世界和人生的替代物，成为了人们思考的对象。观月而感悟哲学，月亮有时清爽宜人，有时忧郁惨淡，有如人生一样起伏不定、悲喜交加。正是在这一过程中，形成了中国古代最早的哲学。在月神神话中，嫦娥吞食的长生不老药及吴刚砍伐的月桂树的自我愈合能力，都暗示着一种不死的生命精神。月亮的盈亏循环，不仅成为了中国农历的渊源之一，也影响了中国哲学对生生不息的生命精神与宁静神秘的智慧品格的追求。月亮的运行变化给予中国人很多哲学的启迪，他们把对于月亮的认识进一步推广到人生中来，进行类比，从而形成中国人的月亮哲学。盈亏理论是在对月亮的认识中产生的，推广到人生中来，就有了平衡、中庸的行为模式。在古代中国人看来，物极必反，一切事物达到最圆满的同时也就进入了亏损阶段。所以要追求平衡、追求中庸。孔子说“过犹不及”，一切戒盈，满招损，谦受益。为了给这种思想提供依据，先哲们还将人与自然进行类比：天有日月，人有耳目。月亮是纯洁的，所以人的情感也应该是纯洁的；月亮是含蓄的，所以人的情感也应该是内敛的、暗示的、淡漠的，不可直接、不可张扬。

月亮的运行规律还表明，任何圆满都只是暂时的，圆满过后随即就是残缺，这种认识使中国人坦然面对一切自然状态下的不圆满。中国人不希望超越自然，不希望超越自然的人生，把天人合一作为人生追求的最高境界，以现实中的不足为足，满足于心理上知足。

图2-7 月盈月亏

2.2 月亮崇拜

人类在依赖自然、利用自然的过程中，往往会形成一些对自然物的崇拜，月亮崇拜就是自然崇拜中的一种。

自然崇拜，主要是指人类对日月星辰、山川湖泊、风雨雷电等自然现象的崇拜。他们将自然物和自然力看作有生命、有意志的对象而加以崇拜。最早对太阳神的崇拜最为盛行，不同的民族在不同的地方运用不同的形式来表达对太阳的崇拜心理。古老的印度民族中，太阳神带着七匹光耀的马车，横过天空，掌管整个宇宙的秩序，还掌管世间的家畜禽兽。希腊神话中，太阳神赫利俄斯驾着四匹雪白的马横过天空，被称为是无所不见的“丘斯之眼”，人类也受他的监管。古罗马的太阳神能帮助人们打开天门，迎接曙光。在日耳曼民族中，还流传着太阳女神的美丽传说。太阳神崇拜在中华民族上古文化中更是留下了其浓重的印记。在新石器时代的纹

饰中，在古陶、秦砖、汉瓦中，在文字、绘画、民俗中，在伏羲、大昊等传说中，到处都可以触摸到中国人崇拜太阳的心理。

继太阳之后便是对月亮的崇拜。月亮在早期人类心目中的温和、娴静、动人形象，使人们把她看成是太阳的妻子，月亮同太阳的结合就如同男女媾和、阴阳互补一样的美满。欧洲在古希腊时期月亮被视为月神，阿利安神话中认为事物的变化和形状均与月亮变化的形状密切相关。南美洲的土著居民视月亮为植物生长之神，正是月亮那柔和的光线带来凉爽和雨水促使万物生长，这样月亮就具有了滋润万物生长的神性。在中国，月亮还被鄂伦春族人民视为狩猎的保护神，这个名叫“别亚神”的月亮，能帮助猎人昼伏夜出，猎取多种飞禽走兽。如果见不到月亮，他们就会感到恐惧，如果一连打不到野兽，他们就会设法向月神祈求。

图2–8　我国古代的中秋拜月图

在中国古代，对月亮的崇拜又延伸为对女阴的生殖崇拜。《老子·道德经》中有这么一句话：“玄牝之门，是谓天地根。”玄是幽远微妙之意；牝（pìn）乃母性、雌性生殖机能的代名词，指女性生殖器。老子还将这个神秘而可以生产万物的女性生殖器作为“道”的象征，“道”为“天下母”，即女阴（玄牝之门）为天下母，可见老子也是具有女阴崇拜思想的。在《老子》中，“负阴而抱阳”、“牝常以静胜牡”、“知其

雄，守其雌”等这样贵柔崇阴的例子是很多的。

2.3 禅宗悟月

禅宗追求的是空虚、灵静的生命内省。

“月满光华不磨莹，挂在青天是我心。”“挂在青天是我心”是禅宗创造的意境，让自己的心如月亮，圆满洁白，普照万物，这是禅宗追求的最高境界。满月灿烂，不磨自莹；月轮圆满，正是佛功圆满；月色皎洁，正是佛性高洁；月光普照，正是佛法无边。月是万世禅灯，是无欲无求的禅心。禅宗倡导“明心见性”、“我心即佛”。禅宗认为，心生万物，心如田地，一切善恶种子随缘滋生，与地生五谷荑稗一样。心静了，方能入定，才是禅境。“吾心似秋月，碧潭清皎洁。”将心比作皎洁的秋月，以月映心、从内心体悟月亮体现了一种中国式的智慧。图2–9为禅宗悟月图。

图2–9　禅宗悟月图

禅宗有言：“以手指月，指并非月。”当佛手指月亮，众人却以为那

根手指即是月亮，其实不是，这是未曾开悟的人们曲解佛法，没有能够真正领悟真实意思。手指头只是认识月亮的手段而非月亮本身。天上有个月亮，水中有个月亮。天上的月亮代表佛法，代表自性，那一潭水就代表你的心，如果水面不平静，就看不到水中的月亮了。

佛理就是月亮，佛经就是指向月亮的手指。你可以跟着手指看到月亮，但不能把手指当成月亮。

以月喻禅是禅宗哲学的传统。《五灯会元》中法眼和尚说："见山不是山，见水何曾别？山河与大地，都是一轮月。"月境与禅境浑然一体，万物混茫相融合一，月光让人思索宇宙的永恒存在，从月光里，禅师得到顿悟的启示，在永恒中获得灵魂的超脱和心灵的愉悦。这里，禅宗已经超越对月亮本身的体悟和对人生的思索，进入到自然哲学的范畴中来，体现了一种宗教独特的自然观。

3．月亮情结：今月曾经照古人

中国人特别是诗人对月亮有一种独特的情感， 他们对月亮的惊叹和深情超过世界上任何一个民族， 形成了一种独特的月亮情结。看到月亮会触发他们的心弦，牵动他们的情思， 勾起他们的遐想。每当诗人写到明月时， 常常是把月当作友人、亲人和恋人， 把自己的情感向它倾诉， 用自己的心灵与之交流，用最纯洁、最真诚、最热烈的情感去拥抱明月。自古以来，月亮一直是中国文学永远的主题，它给予艺术和文学作品无数的灵感，使之成为艺术和文学作品的来源，无数的文人墨客留下了千千万万咏月的名篇佳作。

3.1 宁静安谧之美

月亮以其宁静安谧的神韵和玲珑晶莹的光彩创造出一种独特的意境（见图2–10），引起了诗人感悟宇宙和人生的空灵情怀。月亮的这种特性也使月亮清幽淡雅的美感效果与诗人闲适、宁净的内心情感得以契合，由此诞生了无数通过咏月来崇尚自然之美的诗歌和文学作品。

图2-10　月亮宁静安谧之美

唐代大诗人李白的《峨眉山月歌》中有“峨眉山月半轮秋，影入平羌江水流”的诗句。诗人在一个云淡风轻的秋夜，从平羌江乘舟而下，峨眉山上的半轮秋月悬挂在幽美静谧的夜空，皎洁的月影倒映在静静流淌的江水中，伴随着诗人远去的行舟，和江水一起流向远方，峨眉山月夜的宁静安谧跃然纸上。

王维在《竹里馆》中这样写道：“独坐幽篁里，弹琴复长啸。深林人不知，明月来相照。”宁静的月亮衬托着诗人的孤独，寞寞心事笼罩着一片寂寂梵音，表现了心之宁静。他在另一首诗《山居秋暝》中写道：“空山新雨后，天气晚来秋。明月松间照，清泉石上流。竹喧归浣女，莲动下渔舟。随意春芳歇，王孙自可留。”描写松间的明月，松石、泉流等景物在月光的照耀下相互映衬，显得恬静、安逸、闲适、自由，全诗浑然天成。此外，“月出惊山鸟，时鸣春涧中”，“松风吹解带，山月照弹琴”

等描写月夜安宁的诗句也成为中国诗歌史上的千古佳句。

被闻一多先生誉为“诗中的诗、顶峰上的顶峰”的《春江花月夜》，更是把月夜的幽美静谧推至顶峰，一千多年来使无数读者为之倾倒。一生仅留下两首诗的张若虚，也因这一首诗成为大家。见图2–11。

春江花月夜

张若虚

春江潮水连海平，海上明月共潮生。滟滟随波千万里，何处春江无月明？

江流宛转绕芳甸，月照花林皆似霰。空里流霜不觉飞，汀上白沙看不见。

江天一色无纤尘，皎皎空中孤月轮。江畔何人初见月？江月何年初照人？

人生代代无穷已，江月年年只相似。不知江月待何人，但见长江送流水。

白云一片去悠悠，青枫浦上不胜愁。谁家今夜扁舟子？何处相思明月楼？

可怜楼上月徘徊，应照离人妆镜台。玉户帘中卷不去，捣衣砧上拂还来。

此时相望不相闻，愿逐月华流照君。鸿雁长飞光不度，鱼龙潜跃水成文。

昨夜闲潭梦落花，可怜春半不还家。江水流春去欲尽，江潭落月复西斜。

斜月沉沉藏海雾，碣石潇湘无限路。不知乘月几人归？落月摇情满江树。

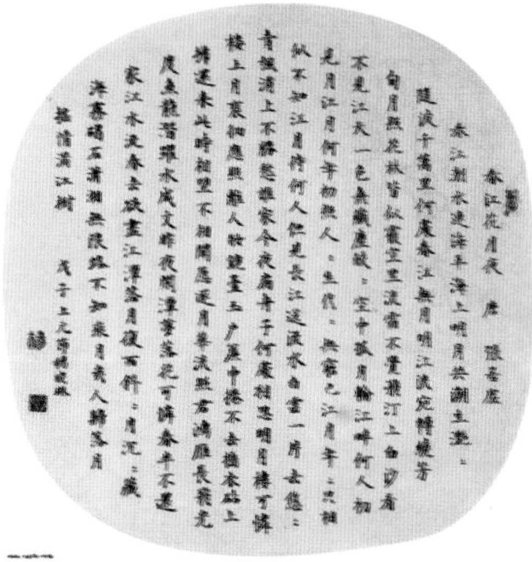

图2–11　《春江花月夜》

在宁静月光的照耀下，江水、沙滩、天空、原野、枫树、花林、飞霜、扁舟、高楼、镜台、砧石、长飞的鸿雁、潜跃的鱼龙以及不眠的思妇、漂泊的游子，组成了完整的诗歌形象，展现出春江花月夜清幽的意境美。

3.2 故乡亲人之思

月夜是思念故乡、思念亲人的时候，其原因一是因为夜晚摆脱了白日的喧嚣和繁忙，安静闲暇之时当然就容易思念故乡和亲人了，尤其是独为异乡客更容易触景生情；二是因为月圆是亲人团聚的时刻，异乡客不能同家人在一起，不能侍奉父母、体恤妻儿，只能借助月亮，寄托相思之情。

中国古诗中有关这一主题的作品有很多，如李白《静夜思》中言："举头望明月，低头思故乡。"一轮明月高悬在天空，当诗人望见明月时，就会情不自禁地思念起生养他的故乡来。

杜甫《月夜忆舍弟》也有"露从今夜白，月是故乡明"的诗句。虽然月亮还是那个月亮，但是对故乡特有的情感，还是让诗人感觉故乡的月亮要比他乡的明亮。

张九龄《望月怀远》有云："海上生明月，天涯共此时。情人怨遥夜，竟夕起相思。"在海边看明月升起，却不能与亲人在一起，虽然同在月光之下，也不免心生遗憾。

白居易《八月十五日夜禁中独直对月忆元九》中云："三五夜中新月生，二千里外故人心。"

这些脍炙人口的诗句从不同角度、不同背景，抒发了诗人对故乡、对亲人的无限思念。在这里诗人把明月与故乡、亲人联系在一起，月亮成了他们的精神寄托。

王建的《十五夜望月寄杜郎中》："中庭地白树栖鸦，冷露无声湿桂花。今夜明月人尽望，不知秋思落谁家？"写出了月圆之夜触景生情，相思绵绵的情怀。

王安石的《泊船瓜洲》中，“春风又绿江南岸，明月何时照我还”描述了诗人期盼在月光的照耀下返回故乡的情景。图2–12为月夜思亲图。

图2–12　月夜思亲图

3.3　寂寞失意之悲

每当孤寂、彷徨之时，原本清新明媚的月亮在人们眼里就成了一弯冷月，忧苦之情不可遏止，月亮就构成了他们孤独与失意的寄托对象。这些写月诗篇大多表达了诗人孤独无依的惆怅，也有宦海沉浮、仕途坎坷、人生失意的苦闷。

李白《月下独酌》（见图2–13）刻画出了诗人月下悟道，体验尘世孤独，寻求精神皈依的过程：“花间一壶酒，独酌无相亲。举杯邀明月，对影成三人。月既不解饮，影徒随我身。暂伴月将影，行乐须及春。我歌月徘徊，我舞影零乱。醒时同交欢，醉后各分散。永结无情游，相期邈云汉。”花前月下，独酌无亲，只能举杯邀月，体现了诗人力图超越现实、摆脱苦闷的渴望。“我歌月徘徊”则是诗人与月亮的感情交流达到完全默契的表现。诗人在现实中备感孤独，月亮则使诗人找到了自然的知音，感受到了生活的情趣，使诗人在同月亮的契合中找到了精神的家园。尽管这种契合只能是暂时的，而且与严酷的现实相比，它最终“醒时同交欢，醉后各分散”的结局体现了诗人的消极无力和无可奈何，但诗人所追求的仍是那种难忘的精神契约——“永结无情游，相期邈云汉”。

图2–13　冷月相伴失意人

苏轼在失意孤独之时，也是致力于到大自然中去寻求精神上的寄托：“惟江上之清风，与山间之明月，耳得之而为声，目遇之而成色，取之无禁，用之不竭。是造物者之无尽藏也。而吾与子之所共适。”诗人寄悲哀于风月，情绪转入低沉消极；最后仍是从眼前的明月、清风引出对万物变易、人生哲理的思索，从而消释了心中的感伤。此时的月亮已不是一种纯客观的物象，而成为诗人精神的归属和心灵的家园。

3.4　宇宙人生之惑

相对于亲情、爱情、友情，古代文人们在咏月时，对宇宙人生的思索则要欠缺一些。尽管如此，仍然留下了一些借月来抒发对宇宙之困惑，对历史、人生之感慨的佳作。

如李白的《把酒问月》："青天有月来几时，我今停杯一问之。"悠悠万事，明月的存在对于世人来说却总是一个不解之谜，常常引发人类无限遐思和猜测。诗人停杯沉思，借着酒意也来追问"这亘古如斯的明月，究竟是从何时开始存在的"这个在当时根本就无法回答的问题。

在同一首诗中，李白还思索人月关系的变化："今人不见古时月，今月曾经照古人。古人今人若流水，共看明月皆如此。唯愿当歌对酒时，月光长照金樽里。"月本无古今之分而人却有古今之别， 如水东逝的人们所见到的明月却亘古如斯。明月万古如一，而人世间则世代更替，今人只能是前不见古人，后不见来者，可贵的生命倏忽即逝。古往今来的无数人们，都已流水般地相次逝去，面对着空中同一个永恒的明月，或许都曾有过相似的感慨吧！见图2-14。

刘禹锡《石头城》中有诗句："淮水东边旧时月，夜深还过女墙来。"以俯视古今的广阔视野表现出对历代兴亡的沧桑之感。

图2-14　对酒当歌，人生几何

张若虚《春江花月夜》中云："江畔何人初见月？江月何年初照人？人生代代无穷已，江月年年只相似。不知江月待何人，但见长江送流水。"诗人神思飞扬，但又紧紧联系着人生，思考着人生的哲理与宇宙的奥秘。

苏轼在《水调歌头》中提出问题："明月几时有？把酒问青天。"也在思索宇宙起源问题，这与屈原的《天问》和李白的《把酒问月》中的思考有异曲同工之妙。

3.5　忠贞不变之情

无论是在中国文学作品还是西方文学作品中，月亮通常都用来象征美丽、忠贞不渝的爱情。

在自然界万物中，以月来象征贞洁是再贴切不过的了。李白有“小时不识月，呼作白玉盘”的诗句，形容月亮冰洁如玉。杜甫《月》中的“斟酌姮娥寡， 天寒耐九秋”，元代施君美《幽闺怨》中“贞心一片如明月，映入清波到底圆”的诗句都在写月的贞洁。

月亮既是贞洁的化身，又不乏凡人的情和爱。白居易《客中月》：“谁谓月无情! 千里远相逐。”元代曾瑞卿《留鞋记》第四折：“有口难言，月里嫦娥爱少年。”《聊斋志异》卷八《嫦娥》写月中嫦娥下凡与太原宗子美相亲相恋，并生儿育女：“可恨颠当饶舌，乃教情欲缠人。”看来神仙也摆脱不了一个情字。

月亮还象征着始终不渝的爱情。苏轼在《水调歌头·中秋》写道：“但愿人长久，千里共婵娟。”“婵娟”这里表面指嫦娥，实际上是指明月。“共婵娟”就是共明月的意思。这一典故出自南朝谢庄的《月赋》中的“隔千里兮共明月”。诗人要表达的意思是，既然人间的离别是难免的，只希望爱人长久健在，即使远隔千里，通过明月也会寄托双方的思念之情。诗人通过月亮突破了人的心理空间与物理空间，使时间得以延伸，空间得到拓展。见图2-15。

图2-15　爱情天长地久

月亮还常常用作美丽、美女的代名词。《诗经·陈风·月出》中有：“月出皎兮，佼人僚兮。”李商隐《新月》：“姮娥无粉黛， 只是逞婵娟。”《金瓶梅》第二十四回写西门庆家的女人：“月色之下，恍若仙

娥，都是白绫袄儿，遍地金比甲，头上珠翠堆满，粉面朱唇。”《儒林外史》第二十回描述辛小姐的美貌：“匡超人此时恍若亲见瑶宫仙子、月下嫦娥，那魂灵都飘到九霄云外去了。”《红楼梦》第三回林黛玉看见贾宝玉“面若中秋之月”。孟郊也把自然界的美好事物做了比较，还是月亮最美：“花婵娟，泛春泉；竹婵娟，笼晓烟；妓婵娟，不长妍；月婵娟，真可怜。”（《婵娟篇》）

4．月光曲：明月千里寄相思

月亮与诗分不开，与音乐更有不解之缘。以月亮为题材或借月抒怀的作品数不胜数，许多佳作成为乐坛明珠甚至传世之作。如《月儿弯弯照九州》，在南宋时期曾经流行于江南一带：“月儿弯弯照九州，几家欢乐几家愁，几家夫妻同罗帐，几家飘零在他州。”唱者动情，听者感伤。

4.1　爱情之渴望

图2–16　汉宫秋月

《汉宫秋月》（见图2–16）为中国著名十大古曲之一，原为崇明派琵琶曲。此

曲细致地刻画了宫女面对秋夜明月，内心无比惆怅，流露出对爱情的强烈渴望。中国现代民族音乐的一代宗师刘天华将其改编为二胡演奏曲。

由孙仪作词、汤尼作曲的现代歌曲《月亮代表我的心》，以月亮来传递爱的情怀："你问我爱你有多深，我爱你有几分，我的情也真，我的爱也真，月亮代表我的心；你问我爱你有多深，我爱你有几分，我的情不移，我的爱不变，月亮代表我的心。"这首歌后来被邓丽君唱得红遍天下，被翻唱不下七十次。

《十五的月亮》则是一首广为流传的军旅抒情歌曲。创作于20世纪的1984年，石祥作词，铁源、徐锡宣作曲。这首歌旋律优美，歌词感人，抒写了边关战士思念家乡、思念妻子的真挚情感，曾让无数战士为之倾倒，无数军嫂为之热泪盈眶。歌曲推出后，也感动了千千万万普通百姓，被各界群众竞相传唱，几乎是无处不飞"月亮"歌。"军功章啊有我的一半，也有你的一半"，成为家喻户晓的"口头禅"。

以月亮为题材谱写爱情的乐曲，在外国音乐史上也占有相当重要的位置。其中有世界著名的德国作曲家贝多芬创作的《月光奏鸣曲》（见图2-17）。"月光"这一曲名，并非贝多芬亲题，据说是缘于德国诗人路德维希·莱尔什塔布（1799—1860），他把该曲比作瑞士琉森湖上的月光。他评论《月光奏鸣曲》的第一乐章"犹如在瑞士琉森湖月光闪烁的湖面上摇荡的轻舟一样"。出版商根据这段话，加上了"月光"（Moon Light）的标题。

图2-17　贝多芬与《月光奏鸣曲》

真正触动贝多芬创作《月光奏鸣曲》的并不是那皎洁如水的月光，而是贝多芬与朱丽叶塔第一次恋爱失败后的痛苦心情。贝多芬曾在一封信中写道："我现在正过着一种稍微愉快的生活，这种改变是一个爱我，也为我所爱的女孩带来的。"

这位可爱、迷人的女孩就是贝多芬的学生，一个名叫朱丽叶塔的十七岁女孩。年轻貌美的朱丽叶塔是伯爵的千金，比贝多芬小14岁。两人真诚相爱，情投意合，却因门第不同，遭到了朱丽叶塔父亲的强烈反对，迫使两人分手，婚事告吹。贝多芬遭到这一沉痛打击后，将内心的痛苦和强烈的悲愤全部倾泻在这首热情奔放的钢琴曲中，并把这首《月光奏鸣曲》献给了朱丽叶塔。

4.2　人生之喟叹

《二泉映月》的曲作者原名华彦钧，出生于江苏无锡。他对中国民间音乐有着强烈的兴趣，自幼学习鼓、笛子、二胡、琵琶等多种中国民族乐器。华彦钧在十五六岁时已成为当地一名出色的乐师。35岁时，疾病导致其双目失明，从此人们习惯地称他为瞎子阿炳。由于社会动乱、生活无依，贫病交加的阿炳过得极为艰苦，只好开始流浪的卖艺生涯。阿炳虽然一直生活在社会的底层，饱受辛酸屈辱，但他仍然广采博收民间音乐，坚持创作了许多具有浓郁民族风格和永久性艺术魅力的乐曲，举世闻名的《二泉映月》就是其中之一（见图2–18）。

图2–18　瞎子阿炳与《二泉映月》

《二泉映月》这首乐曲以月夜、泉水为背景，表现出社会底层的人们饱尝辛酸的内心感受和对美好生活的憧憬。它作为中国近现代民族器乐创作的优秀代表作品，以如泣如诉、似悲似怒的音调抒发了作者对人生的

深切感叹，展现了古老民族的东方神韵。《二泉映月》旋律委婉流畅、跌宕起伏、意境深邃，有时像对美好景色的回忆，有时又像对社会黑暗的控诉，同时也好似阿炳悲惨凄凉一生的真实写照。由于阿炳经常在“天下第二泉”的著名景点惠山泉边拉琴，因此这首乐曲被命名为《二泉映月》。就这样，《二泉映月》被流传开来，它将人们引入到夜阑人静、泉清月冷的意境之中，那悠扬美妙的音调，层次分明而又浑然一体，旋律动听而又质朴苍劲，音乐感人而又促人激愤。它以一种抒情式的音乐语言，向人们描绘了月映惠山泉的景色，乐曲的主题从开始时的平静、深沉逐渐转为激动、昂扬，深刻地揭示了一位饱尝人间辛酸和痛苦的盲艺人的生活感受及其顽强自傲的生活意志，同时也展示了作品独特的民间风格和无与伦比的深邃意境，显示了中国民间艺术的独特魅力。

4.3 思乡之情怀

我国民族管弦乐合奏曲《春江花月夜》是由著名的琵琶文曲《夕阳箫鼓》改编而成。此曲在17 世纪便流传于民间， 也称《浔阳琵琶》、《浔阳月夜》、《浔阳曲》。这是根据白居易诗作《琵琶行》中“浔阳江头夜送客”一句而得名。1925年前后， 上海“大同乐会”将其改编为民族管弦乐曲《春江花月夜》。《春江花月夜》以优美的旋律和巧妙的艺术手法展现出一幅春江月夜令人陶醉的融融画面：夕阳西下，夜月初升，江水、天空成一色，纤尘无染，明亮的天空中只有一轮孤月高悬空中。 江边上什么人最初看见月亮，江上的月亮哪一年最初照耀着人？人生一代一代无穷无尽，只有江上的月亮一年一年总是相像。不知江上的月亮等待着什么人，只见长江不断地一直运输着流水。游子像一片白云缓缓地离去，只剩下思妇站在离别的青枫浦上不胜忧愁。哪家的游子今晚坐着小船在漂流？什么地方有人在明月照耀的楼上相思？作曲家有感于秀美的山河景色及渔人打鱼归来的喜悦之情， 以悠扬的乐声表达思乡之情怀。见图2-19、图2-20。

图2–19　《春江花月夜》

图2–20　月夜下的春江

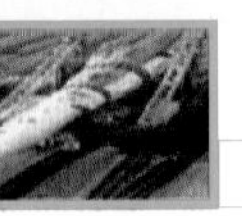

5．月亮文化：举杯邀月庆中秋

历史是文化的根基。数千年来，中国人世代相袭并且延续至今的与月亮相关的风俗习惯，形成了独具特色的中国月亮文化。

5.1 虔虔诚诚拜月神

中秋祭月，是我国一种十分古老的习俗。早在周朝，古代帝王就有春分祭日、夏至祭地、秋分祭月、冬至祭天的习俗，祭祀的场所称为日坛、地坛、月坛、天坛，分设在东南西北四个方向。北京的月坛就是明清皇帝祭月的地方。《礼记》记载："天子春朝日，秋夕月。朝日之朝，夕月之夕。"这里的夕月之夕，指的正是夜晚祭祀月亮。可见祭月在古代帝王那里是一件十分严肃、重大的事情。祭月的风俗不仅为宫廷及上层贵族所奉行，也为民间所认同。

古代民间则有文人赏月的习俗。较之盛大的祭月活动，赏月则是一项轻松、欢愉的活动。民间中秋赏月活动约始于魏晋时期，但并未成为一种习俗。到了唐代，中秋赏月活动开始盛行，许多诗人的名篇中都有咏月赏月的诗句。到了宋代，则形成了以赏月活动为中心的中秋民俗节日，正式定为中秋节。宋人赏月更多表现出一种感物伤怀的意境。当然，作为一个节日，宋代的中秋夜已经具有浓郁的节日气氛，中秋之夜往往是不眠之夜，夜市通宵营业，游人彻夜不绝。明清之后，中秋节日的情趣愈益浓厚，功利性的祭拜、祈求与世俗的情感、愿望构成普通民众中秋节俗的主要形态。因此，"民间拜月"成为人们渴望团聚、康乐和幸福的手段。见图2–21。

图2–21　祭月

祭月拜月不仅成为汉族的一种习俗，在少数民族中也同样盛行。云南傣族在中秋之夜，盛行“拜月”风俗。在傣族传说中，月亮是天皇第三个儿子岩尖变的。岩尖是个英勇刚强的青年，他曾率领傣族人民打败过无数敌人，赢得了傣族乡亲的爱戴。岩尖死后，变成了月亮，升向天空，继续发出柔和的月光，在黑暗中给傣族人民带来光明。傣族人民为了纪念岩尖，每逢中秋节这天，小伙子一清早就上山打火雀、野鸡；姑娘、媳妇们忙着到池塘里抓鱼，为节日准备各种食物；老阿妈则忙着舂糯米，做好各种各样的美味佳肴。待到月亮从山林上空升起，就点燃冷香，全家大小开始“拜月”。然后，对空鸣放火药枪，以示对英雄岩尖的敬意。最后，全家老小欢乐地围坐在小方桌旁，品尝食物，谈笑赏月，尽兴方散。

鄂伦春人祭月时在露天空地放上一盆清水，摆上祭品，然后跪在盆前，对着盆中月亮磕拜。土族人也用盆盛上清水，月亮的倒影映在清水盆中，然后，人们不停地用小石子打盆中的月亮，俗称“打月亮”。壮族的“祭月请神”活动更为隆重，每年中秋夜，人们在村头村尾露天处设一供桌，桌上供放着祭品和香炉，桌子右边放置约一尺长的树枝，象征社树，

亦作月神下凡与人间上天的梯子。整个活动分为月神下凡、神人对歌、月神卜卦、送月回天四个阶段。

5.2 欢欢喜喜玩花灯

中秋作为一个节日，一个重要的内容就是“玩”，不同时期、不同民族的玩法多种多样、丰富多彩。

“兔爷儿”是明代以来广为流传的一个中秋玩物。兔爷儿的起源约在明末，明人纪坤在其《花王阁剩稿》中记载：“京中秋节多以泥抟兔形，衣冠踞坐如人状，儿女祀而拜之。”明代的兔爷儿主要还只是祭拜月亮的物品。到了清代，兔爷儿的功能已由祭月转变为儿童的中秋节玩具，制作也日趋精致。有扮成头戴盔甲、身披战袍的武将，也有背插纸旗或纸伞、或坐或立的麒麟虎豹，还有扮成兔首人身的商贩、剃头师父、裁缝或卖馄饨、茶汤的，五花八门、不一而足。见图2–22。

图2–22　兔爷儿

新中国成立初期，北京东四牌楼一带还常有兔爷儿摊子，专售中秋祭月用的兔爷儿。只不过这兔爷儿经过数代民间艺人的大胆创造，已经人格化了，一般都是兔首人身，手持玉杵，栩栩如生。后来有人仿照戏曲人物，把兔爷儿雕琢成金盔金甲的武士，有的骑着狮、象等猛兽，有的骑着孔雀、仙鹤等飞禽，深受市民尤其是孩子们的喜欢。

玩花灯则更能体现中秋节日的氛围。在中秋节众多的游戏活动中，玩花灯是最为普遍也最受欢迎的，因为它体现的就是一个“玩”字。早在南宋时期，就有中秋之夜将花灯放入江中漂流的活动。无数花灯在月光下的

江、河中漂流，很是壮观。南方的花灯有各种样式：芝麻灯、蛋壳灯、刨花灯、稻草灯、鱼鳞灯、谷壳灯、瓜子灯及鸟兽花树灯等，花样之多，令人赞叹。见图2–23。

图2–23　玩花灯

在广州、香港等地，中秋夜要进行树中秋活动，即将扎好的彩灯高竖起来。小孩子们在家长协助下用竹和纸扎成兔仔灯、杨桃灯或正方形的灯，横挂在短竿中，再竖起于高杆上。挂在高杆上的彩灯照亮了半个天空，成为中秋之夜的一大景观。另外还有放天灯的，即用纸扎成大型的灯笼，灯笼下方燃烛，热气上腾，使灯飞扬在空中，众人竞相追逐。

在广西南宁一带，除了以纸和竹扎各式花灯外，还有很朴素的柚子灯、南瓜灯、橘子灯。这些灯都是将内瓤掏空，外表绘制简单图案，然后穿上绳子，内点蜡烛。这些灯制作简易，很受欢迎。有些孩子还把柚子灯漂入池塘或河水中来游戏。如今在广西广东的不少地区，中秋夜布置灯会，依然要扎制各种花灯，只不过光源不再是蜡烛，而是用电灯照亮，使古老的花灯具有了现代的气息。

舞火龙则是玩花灯的另一种形式，也是香港中秋节最富传统特色的习俗。传说很早以前，在一次风灾袭击后，出现了一条蟒蛇，四处作恶，村

民们齐心搜捕，终于把它击毙。不料次日蟒蛇不翼而飞，数天后，这一地方便发生瘟疫。这时，村中父老忽获菩萨托梦，说是只要在中秋佳节舞动火龙，便可将瘟疫驱除。从此，就有了中秋之夜舞火龙的习俗，一直流传至今。火龙长达七十多米，用珍珠草扎成32节的龙身上插满了长寿香。中秋之夜，一条条蜿蜒起伏的火龙在灯光与龙鼓音乐下欢腾起舞，穿越在香港的大街小巷，热闹非凡。

5.3 团团圆圆吃月饼

吃月饼是中秋节日的另一习俗。月饼仿照圆月的形状制作，所以月饼也象征着团圆。很早以前，中国就有了烙“团圆”的习俗，即烙一种象征团圆、类似月亮形状的小饼子，饼内包糖、芝麻、桂花和蔬菜等，外压月亮、桂树、兔子等图案。祭月之后，由家中长者将饼按人数分切成块，每人一块，如有人不在家即为其留下一份，表示合家团圆。月饼的制作有很长的历史，只是从唐代以后月饼的制作越来越考究，制作考究的月饼不仅用来自家品尝，还要相互之间馈赠，成为中秋节日的最佳礼品。

中秋送月饼所包含的祝福和喜庆的习俗一直延续至今，月饼做得越来越考究，并且从食品变成奢侈品、收藏品。近年在中国出现的“黄金月饼”更是极尽奢华，让人瞠目结舌。见图2–24。

图2–24　黄金月饼

第三章　月宫探秘

前面我们介绍了月球的一般知识和月亮文化。其中月亮文化的大部分是基于古人对月球认知的局限性。这里，我们将从科学的角度，来了解月球的真实面貌。

1. 滴水不见的月海

从地球上看月球，可以发现月球上有一些暗灰色的区域，早期的观察者认为这些区域是被海水覆盖，因此便给它们取名为“月海”。而事实上，月海里并没有水，它们呈现暗灰色则是与其中存在的岩石——玄武岩有关。我们知道，月球本身并不能发光，我们之所以能看到它，是由于它反射太阳光的缘故。而月海玄武岩的反照率只有6%，这就是说，当太阳照射时，只有6%的阳光会被反射出来，因此就会显得暗淡。月海的相对高度一般较低，它们是月球上广大的平原或洼地。整个月球上有23个月海（见表3-1），其中在月球正面（见图3-1）就有 20个，而且主要分布在北半球，其总面积约占整个半球表面积的一半。这些月海中最大的为风暴洋和雨海。

表3-1　月海列表

英文名称	中文名称	纬度	经度	直径
Mare Anguis	蛇海	22.6°N	67.7°E	150 km
Mare Australe	南海	38.9°S	93.0°E	603 km

续表 月海列表

英文名称	中文名称	纬度	经度	直径
Mare Cognitum	知海	10.0°S	23.1°W	376 km
Mare Crisium	危海	17.0°N	59.1°E	418 km
Mare Fecunditatis	丰富海	7.8°S	51.3°E	909 km
Mare Frigoris	冷海	56.0°N	1.4°E	1596 km
Mare Humboldtianum	洪堡海	56.8°N	81.5°E	273 km
Mare Humorum	湿海	24.4°S	38.6°W	389 km
Mare Imbrium	雨海	34.7°N	14.9°W	1146 km
Mare Ingenii	智海	33.7°S	163.5°E	318 km
Mare Insularum	岛海	7.5°N	30.9°W	513 km
Mare Marginis	界海	13.3°N	86.1°E	420 km
Mare Moscoviense	莫斯科海	27.3°N	147.9°E	277 km
Mare Nectaris	酒海	15.2°S	35.5°E	333 km
Mare Nubium	云海	21.3°S	16.6°W	715 km
Mare Orientale	东海	19.4°S	92.8°W	327 km
Mare Serenitatis	澄海	28.0°N	17.5°E	707 km
Mare Smythii	史密斯海	1.3°N	87.5°E	373 km
Mare Spu mans	泡沫海	1.1°N	65.1°E	139 km
Mare Tranquillitatis	静海	8.5°N	31.4°E	873 km
Mare Undarum	浪海	6.8°N	68.4°E	243 km
Mare Vaporum	汽海	13.3°N	3.6°E	245 km
Oceanus Procellarum	风暴洋	18.4°N	57.4°W	2568 km

图3-1　月球正面

【小知识：玄武岩】

玄武岩是地下岩浆从火山中喷出或从地表裂隙中溢出后，经冷却凝结而形成的火成岩。一般玄武岩颜色较深，在岩石中可见气孔，这些气孔后来可能被其他矿物充填。玄武岩岩浆的黏度小，易于流动，形成很大的覆盖层，常形成广大的熔岩台地，分布很广。玄武岩是地球洋壳和月球月海的最主要组成物质，也是地球陆壳和月球月陆的重要组成物质。见图3-2。

地球玄武岩

月球玄武岩

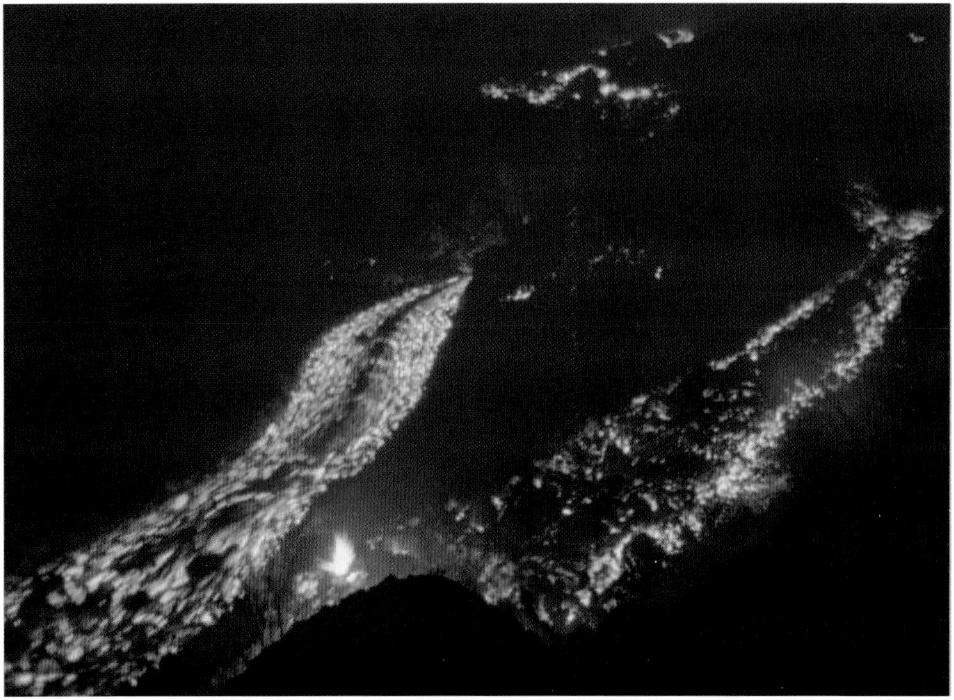

玄武岩岩浆

图3-2　玄武岩及玄武岩岩浆

1.1　风暴洋

在月球正面西侧，存在一大片暗色的区域，这里就是月球上面积最大的月海——风暴洋。“风暴洋”这个名字很容易让人联想到狂风咆哮、巨浪滔天的海洋，然而事实上，这里既无风暴，更无汪洋，有的只是寂静而广阔的平原。见图3-3。

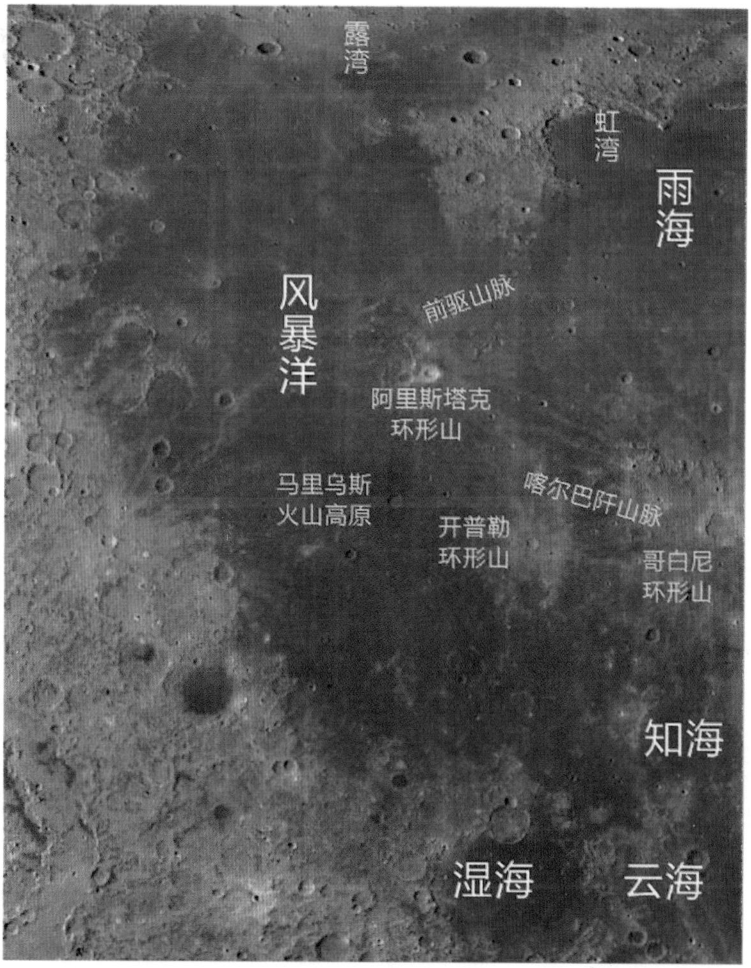

图3-3　风暴洋

（美国LRO探测器地形与影像叠加图）

风暴洋的中心坐标为北纬 18.4°，西经 57.4°，南北方向最大距离超过2 500 km，总面积近500×10^4 km^2，和半个中国差不多大。风暴洋的北面和露湾、冷海相连，南部则和知海、湿海、云海连在一起，东北部是圆形的雨海，它们之间被喀尔巴阡山脉阻隔，而西部长长的“海岸线”上则是高峻的悬崖峭壁，峭壁的内侧就是广阔的月陆。风暴洋中有许多引人注目的环形山，如中东部的哥白尼环形山、中部的开普勒环形山和北部的阿里斯塔克环形山。这三座环形山直径较大，都有几十千米，而它们明亮而狭长的辐射纹更是格外迷人。除此之外，风暴洋中还有许多大小不一、星罗棋布的“岛屿”，如中西部的马里乌斯火山高原高出风暴洋“洋面”约两千米，由于那里曾经是月球上火山最为活跃的区域之一，因此备受科学家们的关注。

1969年11月19日，美国“阿波罗12号”飞船（见图3–4）在风暴洋东南部着陆，宇航员们在月面活动两次，共计7小时45分钟，行走1.35 km，采回了34.4 kg月岩和月壤样品。通过对这些样品的分析，获得风暴洋玄武岩的年龄在32亿年左右。

图3–4　“阿波罗12号”登月舱

1.2　雨海

雨海（见图3–5）位于月球正面的中北部，中心坐标为北纬34.7°，西经14.9°，总面积约83×10^4 km^2，比我国青海省的面积略大。雨海近似圆形，直径约1 146 km。它被群山环抱，其北面隔着一系列山系与东西走向的冷海为邻；东部通过弗雷斯纳尔海角与澄海相连，而弗雷斯纳尔海角则是将一条巨大的山脉拦腰割断，北段是高加索山脉，南段就是亚平宁山脉，它将雨海和汽海、暑湾隔开；雨海南部是哥白尼环形山和喀尔巴阡山脉；西部就是浩瀚的风暴洋。1971年7月30日，“阿波罗15号”飞船在雨海南部着陆，宇航员进行了四次月面行走，总计19.1小时，采回76.8 kg月球样品，利用这些样品进行定年的结果表明雨海玄武岩的年龄大约为33亿年。

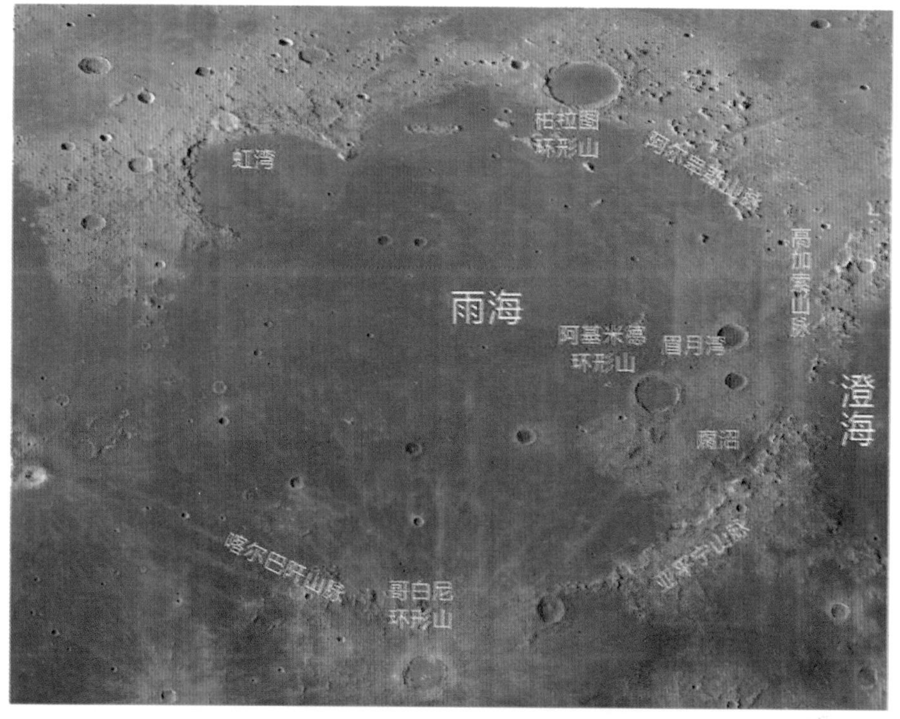

图3–5　雨海

（美国LRO探测器地形与影像叠加图）

同风暴洋一样，雨海之中及其附近也有许多引人瞩目的环形山。除了前面提到的哥白尼环形山，在雨海的中东部还有阿基米德环形山，而雨海的北岸则是柏拉图环形山。在雨海中，我们还可以看到一些“湾”和“沼”，它们是月海伸向月陆的部分。月球上共有五个湾和三个沼，而雨海区就有两个湾和一个沼。它们是西北部的虹湾和阿基米德环形山旁的眉月湾，以及亚平宁山脉和阿基米德环形山之间的腐沼。在它们之中，虹湾备受我国科学家关注，因为它可能成为未来中国登月的着陆点。虹湾的边界呈比较规则的半圆形，像是雨后弯弯的彩虹。其实，它是一个外围被朱拉山脉环绕的大撞击坑，直径近300 km。撞击坑的底部已被雨海熔岩掩盖，被掩环壁的痕迹仍依稀可见。虹湾之所以成为登月的备选着陆点，就是因为虹湾处于从月海过渡到月陆的地方，地势平坦，区域较大。探测器若着陆此地，既可以探测分析月海中的月壤，也可以对月陆上的月岩进行取样，对于我们进行月球的多样性研究可以达到事半功倍的效果。2010年，我国“嫦娥二号”探月飞船就对虹湾地区进行了重点探测，发回了许多高分辨率的图像，图3–6、图3–7就是这些图像中的一部分。

图3–6　“嫦娥二号”拍摄的虹湾地区局部高清三维图像

图3-7 “嫦娥二号”拍摄的虹湾拉普拉斯-A撞击坑三维图像

1.3 危海

在月球正面的东北部，存在一个近似椭圆形的月海，这就是危海。危海的中心坐标为北纬17.0°，东经59.1°，总面积约17.6×10^4 km^2，和我国广东省的面积相近。危海四周是丘陵起伏般的环壁，看起来如同一个巨大的环形山，因此它也是已知的23个月海中唯一一个不与其他月海相连、有自己边界的独立月海。见图3-8。

图3–8　危海（"嫦娥一号"拍摄的图像）

危海的周围共分布着五个月海，其中西南部是两个较大的月海——静海和丰富海，而另外三个则要小得多，它们分别是东北部的蛇海和东南部的浪海、泡海。在危海的西部，有一个环形山格外引人注目，这就是普罗克洛斯环形山，虽然它的直径并不算太大，只有28 km，但它却是月球上亮度排第二的环形山，其反照率仅次于风暴洋中的阿里斯塔克环形山。此外，它的外形并不真正是圆环的形状，而是近似于五边形，其周围也有许多明亮的条纹，最长的可达600 km。当然，除了普罗克洛斯环形山，危海周围还有马克罗比乌斯、克莱奥迈季斯、孔多塞等多座直径较大的环形山。

危海之所以吸引了无数科学家的目光，是有其独特的原因的。那就

是，从地球上看，危海的形状会变化（见图3-9）。危海的长轴长度约560 km，短轴长度440 km。一般情况下看起来危海是长轴为南北方向的椭圆形。然而，有时危海的长短轴会颠倒过来，长轴变短轴，短轴变长轴；有时，危海的面积会增大一倍；而有时，危海又做无规则变化……通过科学家们的不懈研究，终于发现这一现象和月球的“经度天平动”有关。

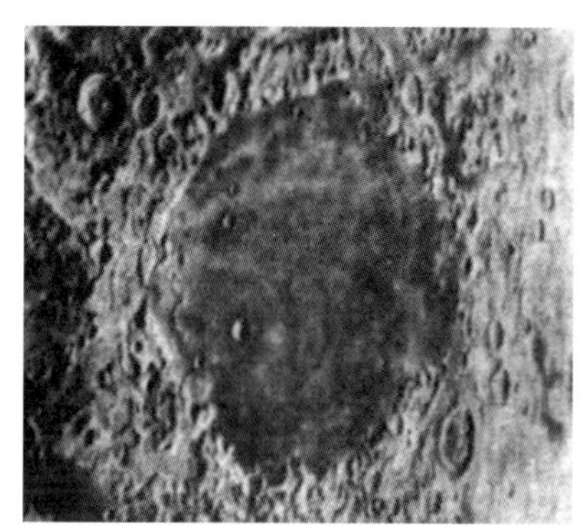
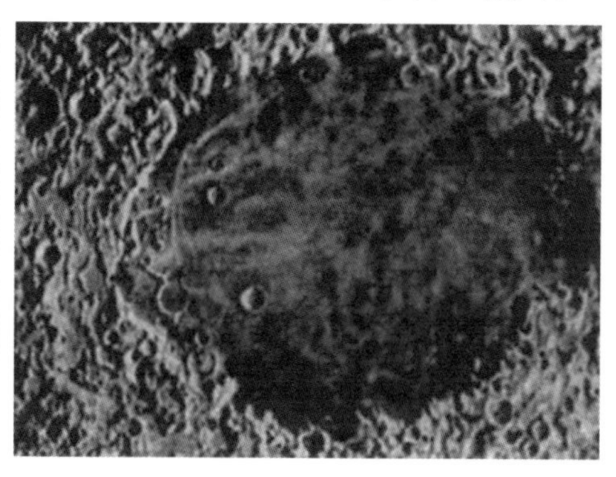

图3-9　形状会变化的危海

众所周知，月球绕地球公转时，地球并不是在月球椭圆轨道的中心，因此月球与地球之间的距离会发生变化，在轨道上运行的速度也就有变化。具体来说，月球运行到离地球最近的地方（近地点）时，它的公转速度最快；当月球运行到离地球最远的地方（远地点）时，它的公转速度最慢。图3-10能帮助我们更清楚地了解经度天平动现象。图中心为地球，四周为月球轨道。从月球在近地点开始（位置1），令 X 表示从地球上看到的月面中心。在月球走过其公转时间的四分之一之后到达位置2，但因为月球是从近地点出发的，其运动速率比它的平均速率要快一些，所以月球走过了96° 而不是90° 。当从地球看去时，月面 X 点的位置处于月球圆面视中心略东一点，而月球背面西侧的一小部分则可以进入我们的视界。经过下一个四分之一月之后，月球到达位置 3，现在月球在远地点，X 点又位于月球圆面中心了。从位置3到位置4之间走过84° ，X点朝西移动，因此月面的平均东边缘之外的一部分月面可以被看到。于是，经度天平动意味着月球

好像在来回地轻微摆动，容许我们窥视到月球正面平均边缘以外的一小部分。而危海恰恰靠近月球正面的边缘部分，这就导致我们观察它的角度时常发生变化，因此就会觉得危海的形状常常变化了。而经度天平动最大的时候，我们就会看到危海的长轴在东西方向，这也是最接近实际的危海的形状。

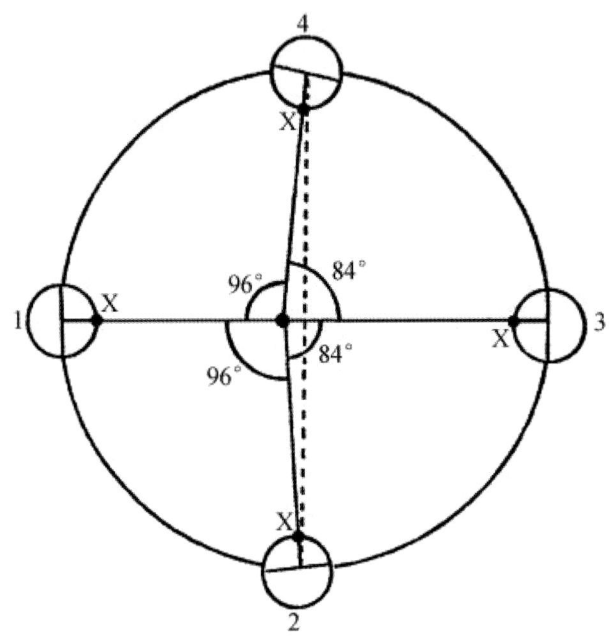

图3-10　经度天平动示意图

1.4　月海的成因

月海虽然位置不同、大小各异，但多数月海都具有一个共同的特征，即在形状上近似圆形。这一现象与月海的成因密切相关。目前，大多数科学家认为月海和月球表面密布的月坑一样，都是由撞击作用形成的，只不过导致月海形成的撞击体的直径较大而已。这些撞击大多发生在距今40亿年左右，在月球上形成了月海的前身——月海盆地。后来，玄武岩岩浆从

月壳下喷出，导致厚达数千米的玄武岩充填月海盆地，形成我们如今见到的月海。

值得一提的是，月海还是一个巨大的宝库。填充月海的玄武岩就犹如一个巨大的钛铁矿的储存库。钛铁矿不仅是生产金属铁、钛的原料，还是生产水和火箭燃料——液氧的主要原料。据专家估计，共约有体积为$106 \times 10^4\ km^3$的玄武岩分布在月海平原和盆地上。通过已有的探测结果，特别是“克莱门汀”号月球探测器的多光谱探测数据，配以目前地球上钛铁矿开采的品位为参考值，可计算出这些玄武岩中钛铁矿达到开发程度的资源量超过100万亿吨。尽管这样所得的结果带着很大的推测性与不确定性，但可以肯定的是，月海玄武岩确实蕴藏着丰富的钛铁矿。除此之外，月海中还有许多其他的有用资源，我们将在本书第四章中为大家详细介绍。

2. 绵延起伏的山脉

在月球表面，除了辽阔的月海、大小不一的撞击坑，还有山脉和高地。它们比月海平均高出2～3 km，反射太阳光的能力也远远强于月海。因此，在人们看来，这部分是月球表面比较明亮的区域，便称之为“月陆”或者“高地”，而山脉则大多是月海边缘的月陆部分。

月球上的山脉大多用地球上山脉的名字命名，如亚平宁山脉、阿尔泰山脉、阿尔卑斯山脉、高加索山脉、喀尔巴阡山脉、比利牛斯山脉等。当然也有一些山脉用著名科学家的名字命名，如位于月球南极附近的莱布尼兹山脉（见图3–11）。目前，月球上已命名的山脉至少有15条。月球山脉有一个普遍特征：山脉两侧的坡度很不对称，面向月海的一侧坡度甚大，有时为断崖状，而连接月陆的一侧则通常相当平缓。

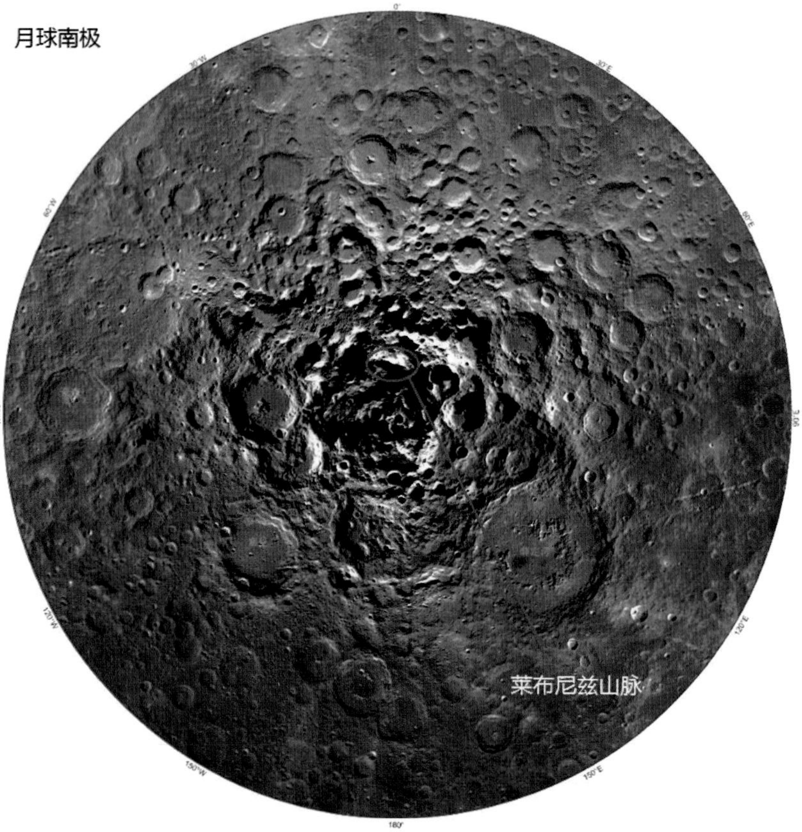

月球南极

莱布尼兹山脉

图3–11　月球南极附近的莱布尼兹山脉（“嫦娥一号”拍摄的图像）

那么月球上的山有多高呢？最早对月球上山的高度进行测量的是意大利著名的物理学家、天文学家伽利略。他利用的是一个明显的事实，即太阳光线优先照射到山顶，后照射到地势低的周围地区。因此，从地球上用望远镜观察，在月球明暗边界处的山峰就是月球表面突出的亮点。伽利略记录进入月面明暗界线夜半面的山峰被照亮的持续时间长短，随后测定山离明暗界线的实际距离，从而测定出山的高度。从理论上说这一切都非常容易，但事实上，由于月球崎岖不平的表面使明暗界线变得很不规则，以致明暗界线的位置不能严格地测定，因此，伽利略的结果是不精确的。他

认为亚平宁山脉大约有9 000 m高，而实际上，它们比这要矮得多。一个较好的方法是测量山峰本身投射的影子，如图3–12所示，由于山峰的位置是已知的，太阳光线在任一特定时刻照射山峰的角度也是已知的，于是山峰相对于其相邻的月面的高度就能够计算出来（见图3–13）。当然，计算时要考虑到各种复杂因素，但是这种方法本身却是简单易懂且较为实用的。如今，随着科技的发展，探月卫星可以运用激光对月球上山脉的高度进行较为精确的测量。2008年，“嫦娥一号”测量的数据表明，月球上最高处位于科罗列夫坑以北（东经201.375°、南纬5.375°），海拔高程为9.84 km，比珠穆朗玛峰高出近千米。与陡峭的珠峰不同的是，月球最高处位于一座环形山的外缘，坡度较珠峰平缓得多。

图3–12 月球上的山峰投射出长长的影子

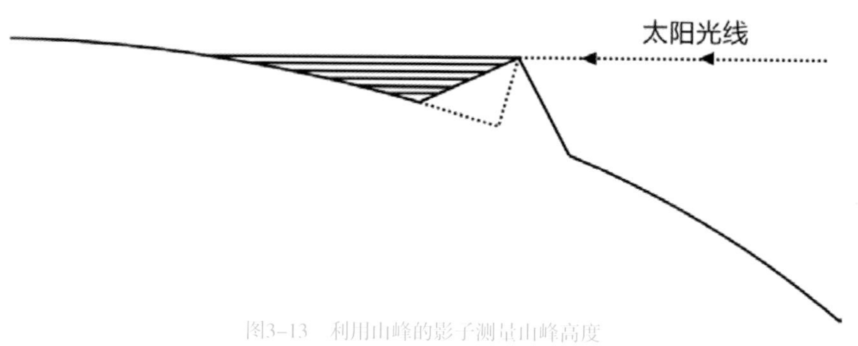

图3-13　利用山峰的影子测量山峰高度

月球山脉的成因跟地球不同。在月球上，即使是最大的山脉也是在几分钟甚至更短时间内形成的。当小行星以很高的速度撞上月球表面，使月壳发生位移和隆起，便在很短时间内形成了与地球上的山脉不相上下的高大山峰。因此，月球山脉也常常是月海的边界。比如我们在上一节中提到的雨海，它就是由亚平宁山脉、喀尔巴阡山脉、前驱山脉、侏罗山脉、阿尔卑斯山脉、高加索山脉、海玛斯山脉等一系列绵延起伏的高山围成。在这些山脉中，亚平宁山脉是最为著名的。它位于月球正面雨海东南侧，是雨海、澄海和汽海的分界山脉。它也是月球表面最大的山脉，长达1 000 km，高出月海平面3 000 ~ 4 000 m。它向着雨海的一侧坡度较陡，形成悬崖峭壁，而另一侧则较为平缓。1971年7月26日，美国发射的“阿波罗15号”宇宙飞船的登月舱就降落在亚平宁山脉（见图3-14）北部哈德利山西侧的哈德利峡谷。这是迄今为止，人类登上的离月球赤道最远的地区，大约在北纬26° 附近。宇航员们第一次驾驶着月球车在这里考察，并爬到高耸的亚平宁山山坡，采集了一批岩石和土壤，为进一步研究月陆和月海的变迁带回了可靠的样品。在亚平宁山脉的北边，越过弗雷斯纳尔海角，便是高加索山脉。它位于雨海和澄海之间，延伸300 km，有许多高1 500 ~ 3 600 m的山峰，其中最高的约6 000 m。

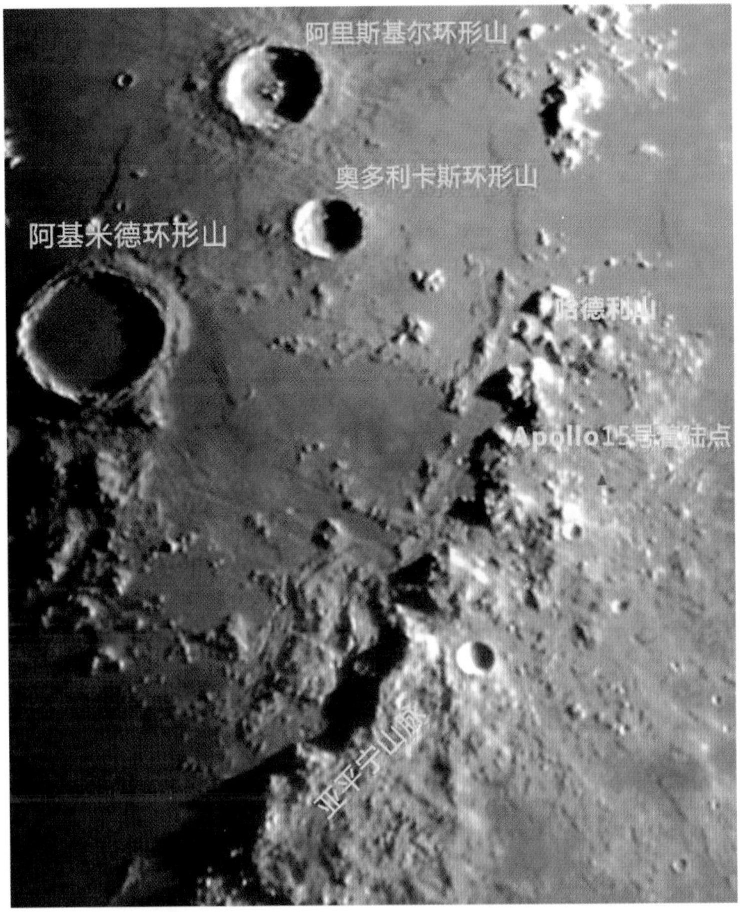

图3–14　亚平宁山脉（“阿波罗”拍摄的图像）

前不久，科学家们在月球上发现了一座山峰，其位于月球北极一个约80 km宽的撞击坑边缘。这座山峰的独特之处在于，那里太阳永远不会落下，因此它也被命名为“永恒之光峰”。这种现象是因为月球和地球一样，其自转轴具有一定的倾角，但月球自转轴倾角比地球小得多，只有1.5°。较小的倾角意味着月球极点的一些撞击坑底可能永远看不到阳光，但同时，极点附近突出的山峰却可以永远沐浴在阳光下。发现这个山峰具有重大的意义，因为有日光持续照射，就可以获得充足的太阳能。此外这里每日平均气温变化仅有20 ℃左右，远远小于日均气温变化高达200 ℃以

上的月球赤道地区，因此这里是建立月球基地的理想地点。

3．千疮百孔的月表

月球的表面并非光滑平坦，而是分布着众多大小不一的圆形凹坑，这就是由撞击作用形成的撞击坑，也称为“月坑”（见图3-15）。从图中可以看到月球表面存在着大小各异的无数撞击坑。

图3-15　我国“嫦娥一号”拍摄的第一幅月面图像

月球上撞击坑的数量极多，且大小各异。小的撞击坑直径在1 km以下，较大的撞击坑则可达几百千米。如月球正面南极附近的贝利撞击坑，直径达295 km，比海南岛还要大一些。月球表面直径超过1 km的撞击坑就有33 000个以上，约占月球表面积的7%～10%。其中，在月球正面，直径超过100 km的撞击坑就有约40个。月面撞击坑的分布也有一定的规律。总的来说，月海的撞击坑较月陆少，月球正面撞击坑较月球背面少，而且在月球正面，又以南部高纬度地区的撞击坑最多。

撞击坑的构造有些复杂。大多数撞击坑的边缘内侧比较陡峭，外侧则较为平缓，有的甚至已经崩塌，上面还覆盖着许多小的撞击坑。撞击坑的中部则相对低平，有的在中央还会隆起一些小的山峰——中央峰。而在一些撞击坑的周围，我们会看到许多向外延伸的明亮条纹——辐射纹。

由于撞击坑的构造复杂、形态多样，因此有必要对撞击坑的类型进行分类。科学家们提出了多种分类方法，目前最为广泛接受的就是将撞击坑分为简单撞击坑、复杂撞击坑、具中央环的撞击盆地和多环盆地四类。简单撞击坑的直径一般在15 km以内，呈简单的碗状，四周的坑壁与外围月球表面的高差较小。复杂撞击坑的直径则要大于15 km，常常具有中央峰。中央峰的高度一般低于坑壁，但一些大的撞击坑，其中央峰的高度可达1km以上，如著名的第谷撞击坑，其中央峰的高度就有1 600 m。撞击盆地虽然不称之为撞击坑，但它们也是特大型的撞击坑，其直径多在300 km以上。具中央环的撞击盆地，顾名思义，其与复杂撞击坑的主要不同点就在于其中心不是中央峰，而是呈环状分布的峰群——中央环。而多环盆地，则是具有多个环状构造的巨型盆地，它们的直径一般在400 km以上。最典型的如东海盆地，它就具有多层环状结构，最外围的一个较显著的环是科迪勒拉山，直径达900 km。见图3-16。

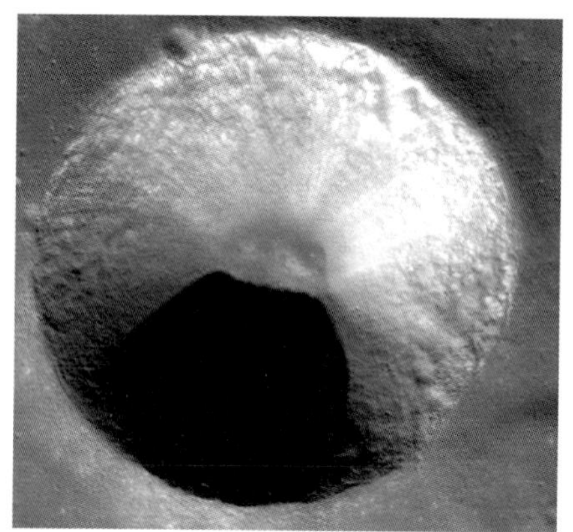
简单撞击坑

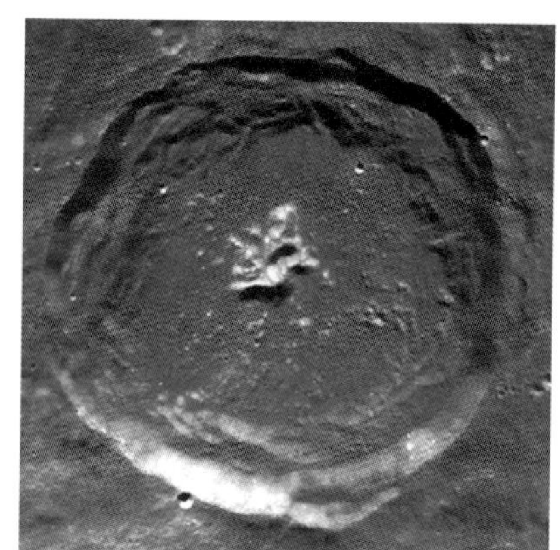
复杂撞击坑

具中央环的撞击盆地

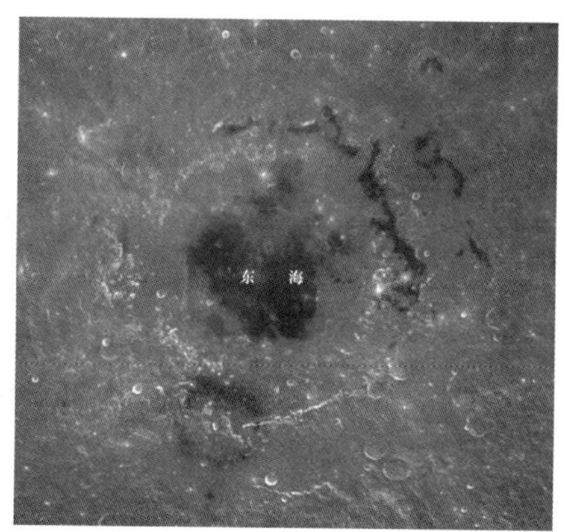

多环盆地

图3-16 撞击坑的分类

如今，科学家们已经知道月坑是由撞击形成，但人们对月坑成因的探索却经历了相当漫长的历程。19世纪，人们尚未在地球上识别出撞击形成的陨石坑，但却可以很容易地发现许多呈环状的火山口，因此大多数地质学家都认为月球上的凹坑是由于火山活动形成。1890年，当时的美国地质调查局局长格若夫·吉伯特第一次详细论述了他对月坑成因的不同看法。他发现月球上的凹坑并不是像地球上的火山口一样都在山的顶部，而且许多凹坑内部的高度要低于它外部的平原。因此，他认为这些凹坑是由撞击

形成的。为了证明这种猜想，他开始尝试在装满沙子的箱子中用铁球撞击来模拟这个过程。但他却失望地发现，只有当铁球垂直砸向沙子的表面时，形成的坑才是圆形的。那为什么月球上的凹坑大部分都是圆形的呢？直到几十年后，人们才认识到，这是由于陨石撞击月表时速度极高，能量巨大，因此会发生类似爆炸一样的过程，因而除了一些入射角度极低的陨石产生的撞击坑外，大部分的坑都近乎是圆形的。至此，月坑的成因才被人们初步揭开。

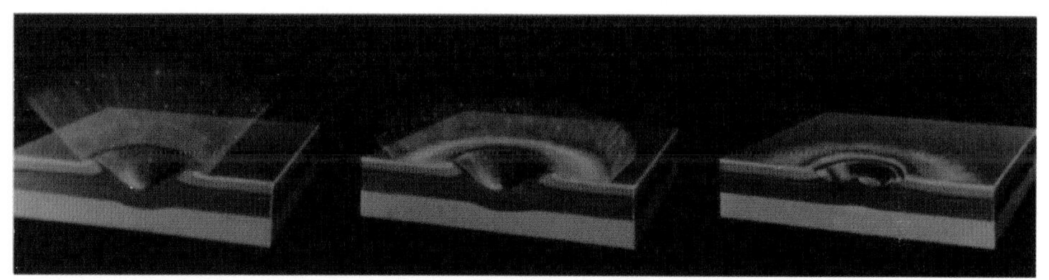

图3–17　撞击坑成因示意图

图3–17展示了撞击坑的具体形成过程。高速飞向月表的陨石在月表产生强大的冲击波，使月表物质抛射出去，这些抛射物大部分飞向四周，也有一些高角度的抛射物重新落回坑内。之后坑经历崩塌、充填并最终达到稳定。如果撞击体的直径较大，在撞击后，坑底的岩石会向上回弹形成中央峰，甚至是中央环。

但应该注意的是，月球上圆形构造并非都是由撞击形成，也有一部分是由火山作用形成，我们将在本章第七节“曾经活跃的火山”中详细介绍。

接下来，我们将为大家介绍月球上几个最著名的撞击坑。

3.1 第谷撞击坑

第谷撞击坑以丹麦天文学家第谷（1546—1601）的名字命名。它位于月面西经11°、南纬43°，直径85 km，环壁高4 850 m，具有高度达1 600 m的中央峰。它的结构复杂，并显现出年轻撞击坑挺拔峻峭的风姿，以满月时可以从地球上看到最多、最长、最美的辐射纹而著称。辐射纹从撞击坑中心呈弧形向外延伸，最长的可超过1 800 km，共有12条。辐射纹贯穿整个南部高地，叠加在许多撞击坑之上，有的甚至延伸到酒海、静海、云海、知海和风暴洋中，饶有特色，蔚为壮观，在地球上用肉眼可以直接看到。按月面演化史来分类，第谷撞击坑属于哥白尼纪，也就是与哥白尼撞击坑的年龄差不多。多年以来，第谷撞击坑一直吸引着天文学家、地质学家和广大天文爱好者的注意。1968年1月7日，美国发射的“勘测者7号”月球探测器就降落在第谷撞击坑北侧不远的地方（西经11° 26'、南纬40° 53'），这是人类发射的探测器降落在月球上最南方的一个。它对月壤进行了分析，还拍下了两万多张月球照片。图3-18为我国“嫦娥一号”拍摄的第谷撞击坑。

图3-18　我国“嫦娥一号”拍摄的第谷撞击坑

【小知识：辐射纹】

许多撞击坑的周围都呈现明亮的放射状结构，这种撞击坑至少有60座，如第谷、哥白尼、开普勒等撞击坑，都有形状不一、长短不同、条纹数量各异且亮度也很不一致的辐射纹。1968年美国的“勘测者7号”月球探测器拍下了第谷撞击坑的一些辐射纹。第谷撞击坑的辐射纹共有12条，它们穿过山脉、月谷，也横越月海。其中最长的一条辐射纹竟达1800千米，最宽的一条有20千米。

关于辐射纹的成因，多数科学家认为，是大的陨石撞击月球表面时，沿某些方向抛出的岩石以及岩石粉末等回落到月面而形成。由于它们反射太阳光的能力较强，所以看上去格外明亮。

3.2 哥白尼撞击坑

哥白尼撞击坑是月球上最引人注目的撞击坑之一，这不仅是因为它以波兰著名天文学家哥白尼的名字命名，更主要的是撞击坑周围是一片结构复杂的区域。哥白尼撞击坑的北面是雨海，它大概有39亿年的历史，而哥白尼撞击坑才形成8亿年，两者相差甚多。

哥白尼撞击坑直径约93 km，坑壁厚度平均约为40 km，坑壁高出周围月面900 m，个别地方则要高得多，尤其是西部的环壁。壁内侧约有3°的倾斜，而且内壁比外壁更加险峻、崎岖。撞击坑内部直径约60 km，从环壁下陷约3 800 m，拔“底”而起的中央峰群最高达1 200 m左右。从哥白尼撞击坑的侧视图我们可以看到，它实际上只是一块四周略有些隆起、中间稍微凹陷下去的大平原，有点儿像一只巨大的菜碟子。哥白尼撞击坑也具有辐射纹，最长的辐射纹长可达800 km，有的向西延伸，与风暴洋中的开普勒撞击坑的辐射纹近乎成一体（见图3-19、图3-20）。

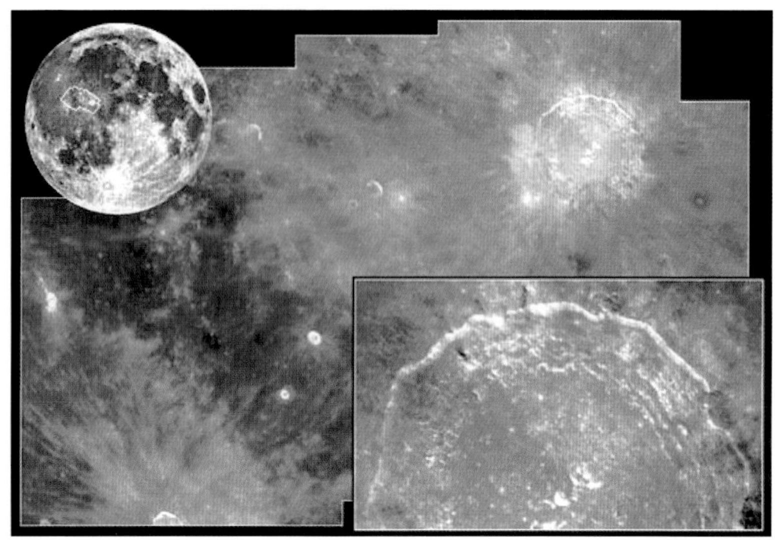

图3-19　哈勃空间望远镜拍摄的哥白尼撞击坑

哥白尼撞击坑的各种细节非常丰富，尤其是它几乎位于月面中心，独处平原而不与其他撞击坑混杂在一起，更激发了人们对它的观测兴趣。

图3-20　哥白尼撞击坑侧视图像

【小知识：撞击坑的命名】

“撞击坑”这个名字最早由伽利略提出。月球上各个撞击坑则大多用世界著名的科学家与思想家的名字来命名，如哥白尼撞击坑、阿基米德撞击坑、牛顿撞击坑、柏拉图撞击坑、卡西尼撞击坑等。值得一提的是，月球上的撞击坑有十二座是用中国人的名字命名，这些中国人是：高平子、嫦娥、万户、石申、张衡、祖冲之、郭守敬、李白、景德、蔡伦、毕昇和张钰哲。其中蔡伦、毕昇和张钰哲三座撞击坑是2010年8月我国科学家利用“嫦娥工程”的探测数据首次申报成功的月球地理实体命名，实现了我国月球探测工程科学应用成果在月球地理实体命名上零的突破。

3.3　毕昇撞击坑（Bi Sheng Crater）

撞击坑中心位于月球东经148.6°，北纬78.4°，直径为55km，命名时间：2010年8月2日（见图3-21）。

毕昇（约970—1051）：我国北宋时期著名发明家，是我国古代四大发明中活字排版印刷术的发明者。

图3-21　毕昇撞击坑

3.4 蔡伦撞击坑（Cai Lun Crater）

撞击坑中心位于月球东经113.5°，北纬80.3°，直径为43km，命名时间：2010年8月2日（见图3-22）。

蔡伦（63—121），我国东汉时期桂阳郡耒阳（今湖南耒阳市）人，是中国古代四大发明中造纸术的发明人。

图3-22 蔡伦撞击坑

3.5 张钰哲撞击坑（Zhang Yuzhe Crater）

撞击坑中心位于月球东经137.8°，北纬69.1°，直径为35 km，命名时间：2010年8月2日（见图3-23）。

张钰哲（1902—1986），中国近代天文学奠基人，新中国首任天文台台长。1928年他将发现的小行星命名为“中华”星，开创中国人命名小行星的先河。

图3-23　张钰哲撞击坑

4．大小相异的盆地

在月球表面，当撞击坑的直径大于300 km时，就可称之为撞击盆地。撞击盆地并不仅仅只是直径大一些的撞击坑，它们也具有一些独特之处。一般而言，盆地多近似环形，并且没有中央峰，取而代之的是围绕它的一层或多层山系。目前，在月球上，科学家们已经至少识别出了30个撞击盆地，它们大小相异，各有特点。其中最具代表性的有南极—艾肯盆地、东海盆地等。

4.1　南极—艾肯盆地

南极—艾肯盆地囊括了许多“月球之最”：它是月球上最大、最深、最古老的撞击盆地，其直径达2 500 km，最深处约13 km。这样的规模在太阳系内也是数一数二的。但是它却并不像风暴洋、雨海、第谷撞击坑等为人们所熟知，甚至连名字也仅仅是盆地南北两端的两个地名相结合而构成，其中南极位于盆地的南端，而艾肯则是盆地北部一个撞击坑的名字（见图3-24）。

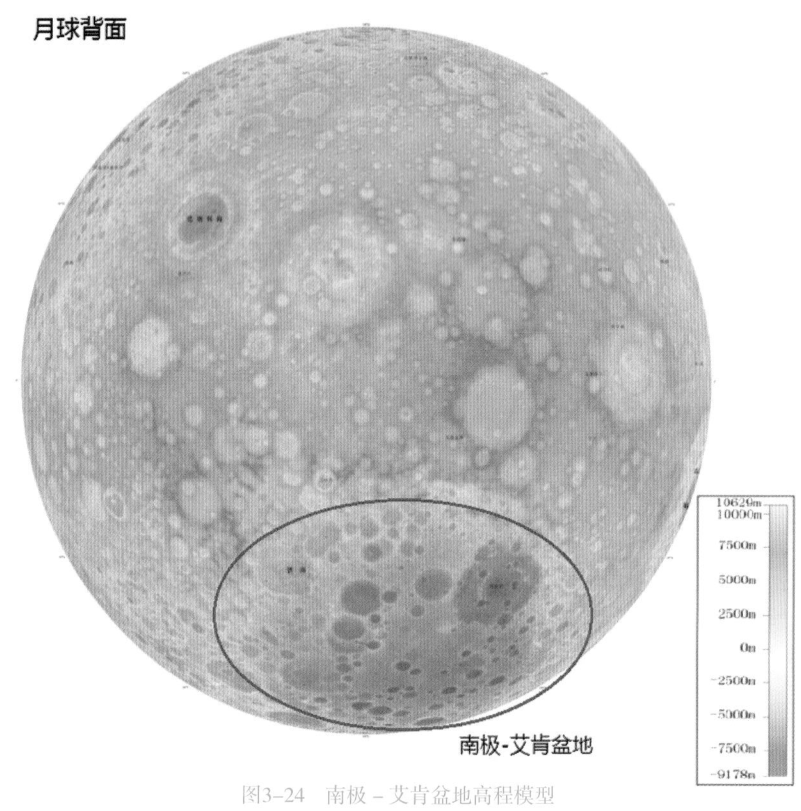

图3–24　南极－艾肯盆地高程模型

规模巨大的南极－艾肯盆地鲜为人知的一个重要的原因，就是它偏僻的地理位置。南极－艾肯盆地的主体部分位于月球背面南极附近，而在地球上，人们只能看到月球的正面，因此在利用卫星对月球进行探测之前的漫长历史中，人们都无法目睹其芳容。而且，最初的月球探测器的轨道大都集中在月球赤道附近，直到20世纪60年代中期，随着阿波罗计划的实施，人们才真正获得其完整面貌。而关于南极—艾肯盆地较全面的科学数据则是20世纪90年代由“伽利略”探测器和“克莱门汀”探测器获得。

南极－艾肯盆地吸引了众多科学家的注意，这是因为它有着许多独特之处。第一个独特之处是南极－艾肯盆地中并没有被来自月幔的岩浆覆盖。在月球形成初期，许多大型的撞击会破坏月壳，使深部的岩浆涌出并

充填撞击盆地而形成月海，而雨海、澄海等就是这样形成的。然而，直径最大的南极－艾肯盆地却未被月海物质覆盖。而如果南极－艾肯盆地是小天体直接撞击形成，那它的深度相对直径而言过浅。此外，对月壳厚度的探测表明，在南极－艾肯盆地之下，月壳只有10 km厚，相对于50 km的平均月壳厚度显得过薄。因此科学家们提出了这样一种假设：南极—艾肯盆地是由一个较大的小天体以低角度低速擦过月面时对月面造成破坏而形成的。这种假说还有待于人们进一步验证。南极—艾肯盆地第二个独特之处就是盆地的深度。盆地达13 km深，那么盆地内的一些区域就会长时间地处在阴暗之中而未受到阳光的照射，因而就极有可能有“水冰”存在。这为人们在月球上找水，甚至建立月球基地带来了希望。

4.2　东海盆地

东海盆地是月球上最典型的多环盆地。它位于月球正面的西边缘，且大部分在月球的背面，因此从地球上看并不是那么容易发现。关于东海的命名，也有一段有趣的故事。早期人们用望远镜观察月球，月球在一般望远镜的视场中呈倒像，因此按照一般“左西右东”的说法，东海恰恰位于东边，于是也就有了这个名字。但是，1961年，国际天文联合会采取了宇航员的建议，将肉眼直接看到的月球正面的左边定为西，右边定为东，于是东海就成了西边缘。图3-25为东海盆地高程模型。

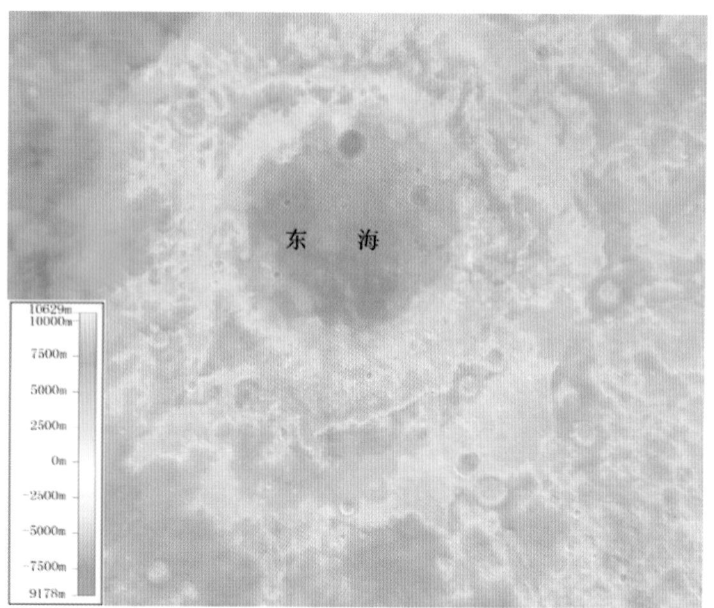

图3-25　东海盆地高程模型

东海盆地的直径约930 km，目前已经识别出的环至少有三个。最内层的环直径有480 km，为内鲁克山脉，其外是由外鲁克山脉构成的直径约为620 km的环。东海盆地最外层的环由科迪勒拉山脉围成，四周到处都是悬崖峭壁。关于这些环的成因，目前还没有确定的结论，但大部分科学家认为是由于强烈撞击产生的巨大能量使月面产生波动，撞击结束后，月壳反弹而形成多层次的环形山脉。而在这次撞击中飞溅出来的物质则分布在从外环科迪勒拉山脉开始向外达500 km的范围内。关于东海的形成时间，由于人们目前并没有在东海盆地采集岩石样品，因此并不能精确地测得东海盆地的年龄。但是，人们发现东海形成时飞溅出来的物质覆盖在雨海时期的物质之上，因此我们可以推断出东海的形成时间比雨海还要晚。而雨海盆地的形成年龄可由“阿波罗”14号和15号飞船采集的岩石样品的年龄推测出约为39亿年。再结合其他的一些月面年龄的分析方法，人们得出东海盆地大约在距今38.5亿年时形成。它也因此成为月球上最年轻的撞击盆地。见图3-26。

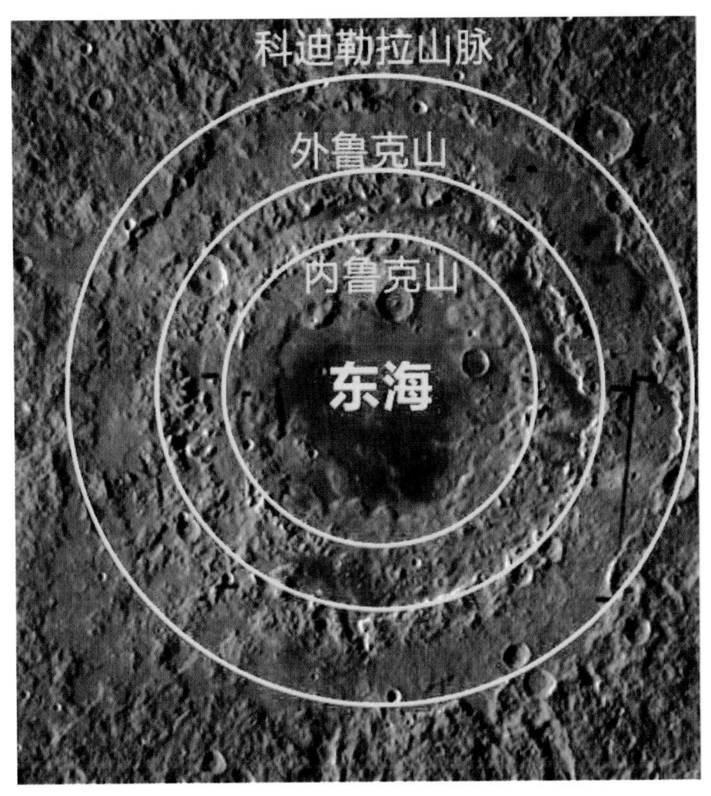

图3–26　东海盆地

5．难以琢磨的水冰

月球是人类探索太空的前哨站，人们在成功登上月球之后，便开始谋划在月球上建立基地，以便能更好地探索太空以及开发月球资源。要建立月球基地，水源是一个亟待解决的问题。无论是从地球上输送水或是用化学方法合成水，都存在着巨大的困难。因此，如果月球自身就有水存在，那将为人们提供巨大的便利。此外，水与生命有着密切的联系，找到了水，或许就能找到生命的迹象。于是，对水的寻找就成为了月球探测的一

个重要目标。

但是，早期对月球水的探测并未得到人们期望的结果。人们没能在月球上发现有水参与形成的岩石，月球岩石中所含的矿物也是常见的无水矿物，而月球上也没有水体存在的痕迹，如河谷和流水刻蚀的岩层。此外，月球表面在数十亿年间经历了无数小天体的频繁撞击，月球即便曾经有水，撞击过程产生的高温熔融也早已使这些水逃逸。加上月球没有大气层、引力束缚小等因素，使得月球表面很难有水的存在。

到1994年，“克莱门汀”号为人们带来了一个惊喜。“克莱门汀”号是1994年1月25日在美国发射的月球探测器，该探测器上的雷达可以帮助人们判断月球表面物质的一些性质。如果月球表面的探测目标含有水冰，雷达接受到的返回信号就会显示出与干燥月壤不同的特征。1994年4月，当“克莱门汀”号绕月第234圈，运行到月球南极上空200 km高度时，雷达返回信号显示出了异常，呈现出挥发性冰的特征。而产生异常的区域正好位于月球永久阴影区，阳光不能照射到这里，因此水便极有可能被保存下来。而月球南北极有大面积的永久阴影区，其中北极约有530 km^2，而南极直径大于2 500 km、深度达12 km的南极－艾肯盆地中永久阴影区面积更是达到6 361 km^2。那么月球的两极很可能有大量的水冰！

这一发现让人们极为鼓舞，但也有科学家认为是其他因素导致雷达信号的异常，该探测结果并不能令人信服。于是，1998年1月6日，美国又派出“月球勘探者”探测器（见图3–27），专门去寻找月球的水资源。探测器携带了更先进的找水仪器，叫中子探测仪。它对氢原子非常敏感，可以探测到月面水分子中的氢原子，它的灵敏度相当于可以在1m^{3}的月壤中探测出一杯水的含量。“月球勘探者”对月球表面进行了七个星期的扫描后发现，月球南北两极盆地底部的土质很松，里面有大量的氢，并表明土下面有冰碴，而北极的冰相当于南极的两倍。经过研究分析，在当年3月5日，美国航天局向全球发布了一条振奋人心的消息：美国发射的“月球勘探者”探测器发现月球两极存在大量水冰，其储量约为0.1亿～3亿吨，分布在月球北极近50 000 km^{2}和南极近20 000 km^{2}的范围内。而如果月球陨石坑

底土壤含水层非常深，那么月球上水的总储量有可能达到13亿t。

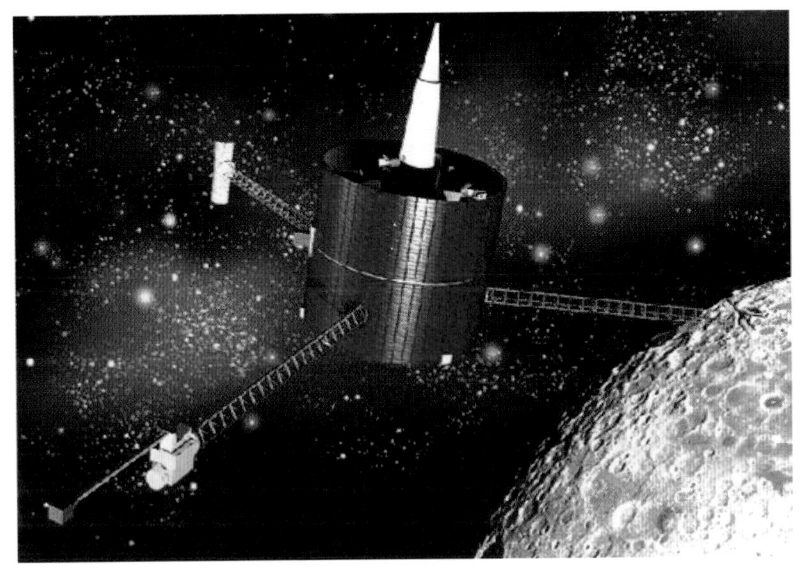

图3-27　“月球勘探者”探测器

相对于雷达探测，中子探测结果引起的争论要小得多，它似乎为水冰的存在提供了新的证据。但中子探测反映的只是两极永久阴影区存在大量氢，而这些氢是以水冰还是别的物质形式存在，又成为各方争论的焦点。

1999年7月31日，“月球勘探者”探测器以每小时6 115 km的速度向月球极区预定目标撞去。科学家原本估计撞击将激发约18kg的水蒸气，希望得到无可争议的水冰存在的证据。遗憾的是，“月球勘探者”探测器撞击后并没有出现期待中的水汽云，人们也没有观测到任何与水相关的信息。

然而人们对月球水的探寻并未停止。2008年10月22日，印度探月卫星“月船一号”成功发射，它上面同样搭载了一台和“克莱门汀”号上相似的雷达，但科学家们对雷达的工作方式进行了优化设计，使其可以明确判断回波异常到底是水冰－月壤混合物引起的还是其他因素引起的。2010年3月在美国休斯敦召开的第41届月球与行星科学大会上，科学家们公布了雷

达探测的结果。它在月球北极发现有40多个大小不等（直径大约1.6 km至15 km）的撞击坑具有异常的雷达回波特征，其中约30个撞击坑只有坑内出现回波异常，而坑环和外围都没有出现回波异常。在月球南极也发现了类似的现象。这说明，在这些坑内存在水冰。据初步估算，月球北极的30余个撞击坑内大约有6亿吨水冰。而且，在未来可能选址作为月球基地的南极休梅克撞击坑内，也发现了水冰。见图3–28、图3–29。

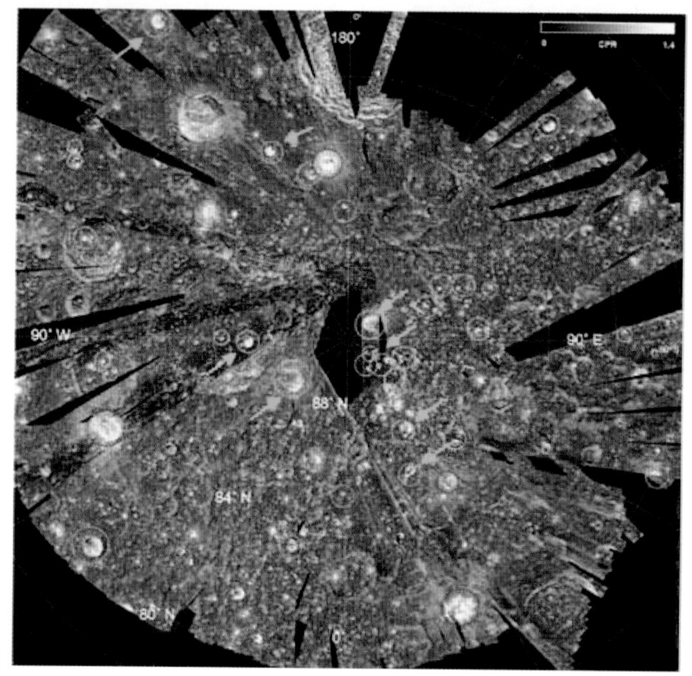

图3–28 “月船一号”雷达在月球北极发现的可能含水冰的撞击坑（绿色圈内）

图3-29　“月船一号”矿物制图仪获得的月球光谱图像

蓝色区域为可能含水或羟基的地区

“月船一号”对水冰的探测除了利用雷达外，还利用美国设计的月球矿物制图仪进行光谱探测，见图3-30。2009年10月，美国布朗大学行星地质学家卡尔·皮埃特斯等在《科学》杂志上发表其研究成果。通过对月球矿物制图仪获得的近红外光谱进行仔细研究，他们发现几乎在月球所有纬度上都存在羟基（由一个氢原子和一个氧原子组成），可能是水的光谱信号。

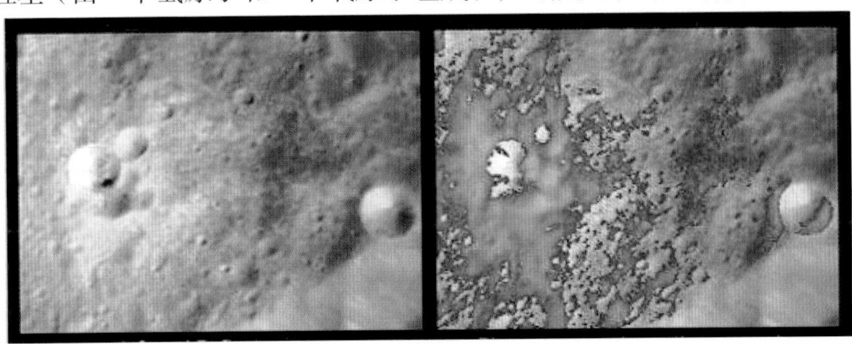

图3-30　“月船一号”矿物制图仪探测的位于月球背面的环形山

图3-30中，左图为红外图像，右图中蓝色表示富水矿物的分布情况。

最近，又有新的月球上存在水的证据被人们获得。2009年6月19日，美国航天局发射了“月球勘测轨道飞行器”（LRO）。LRO的中子探测与前面提到的“月球勘探者”探测器的中子探测原理相似，依靠一台低能中子探测仪，通过记录中子数来探测氢的含量，并进而证明水的存在。由于LRO的轨道离月球表面只有50 km，因而具有更高的分辨率。2009年9月17日美国公布了其获得的科学结果，中子探测仪在月球极地发现了丰富的氢。但是在温度较高、日照强烈的三个撞击坑外围地区，也发现了丰富的氢，这可能是因为某些矿物内部结构中所含的水分子在较高的温度下释放的缘故。见图3-31。

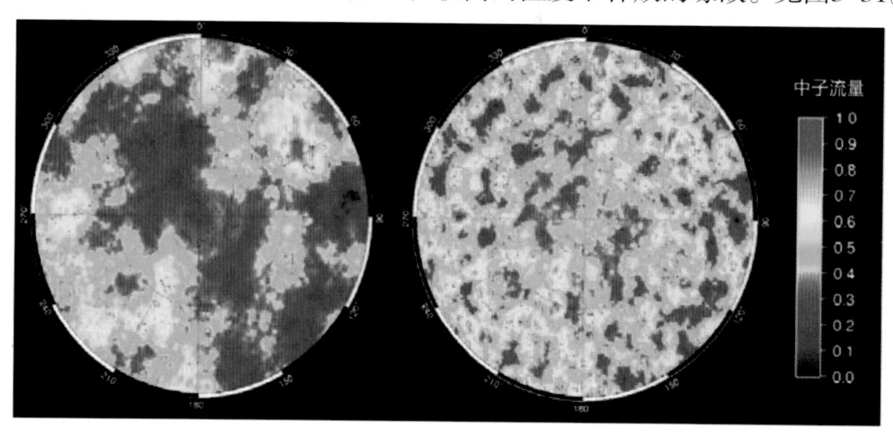

图3-31　LRO月球中子探测器在月球南极周围探测到的中子流量

左图空间分辨率90km，右图空间分辨率30km，红色代表中子流量最大

与LRO同时发射的还有“月球陨坑观测和遥感卫星”（LCROSS）。LCROSS由“牧羊”航天器和“半人马座”火箭两部分组成。2009年10月9日，约2.2吨重的“半人马座”火箭首先以2.5 km/s的速度撞击月球南极的凯布斯坑（Cabeus），“牧羊”航天器上的科学仪器有4分钟时间探测撞击溅射物，并把探测数据传回地面控制中心。遗憾的是，LCROSS的撞击规模和亮度都远低于预计，地面和其他空间探测器上的观测设备甚至没能观测到明显的撞击效果。但科学家们并没有因此放弃，他们顶着巨大的压力，夜以继日地分析“牧羊”航天器传回的数据。最终，2010年3月，科学家们宣

布，LCROSS的撞击成功地证实月球上确实有水。他们用水和其他物质已知的近红外光谱信号同LCROSS近红外光谱仪在撞击中获得的光谱信号进行对比，发现只有月壤与水的混合光谱，才与LCROSS获得的光谱相似。而月壤与任何其他含羟基化合物的混合光谱都无法与LCROSS的观测结果相匹配。此外，紫外光谱仪在“半人马座”火箭撞击产生的溅射物中也检测到了蒸汽和碎片云的光谱特征，进一步证实了水的存在。图3-32为LCROSS飞向月球想象图，图3-33为LRO绘制的月球南极温度图。

图3-32　LCROSS飞向月球想象图

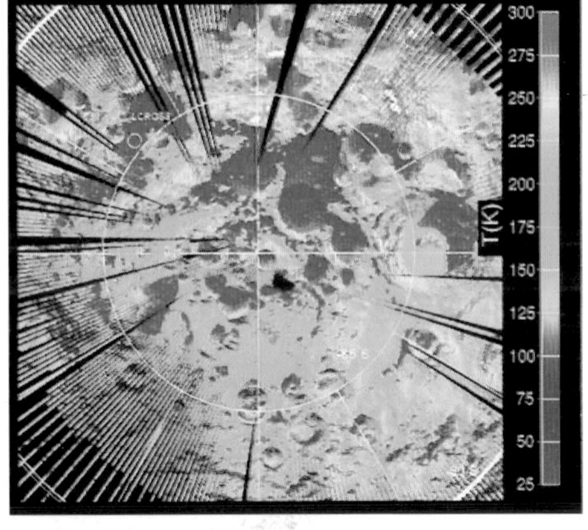

图3-33　LRO绘制的月球南极温度图

紫色区域温度最低，图中红色箭头指向LCROSS撞击目标区域

由于遥感探测手段的限制，目前探测月球是否存在水冰只能采用间接方式，还无法直接测量水分子的存在，所以虽然人类早就发现了月球有水的端倪，但一直缺乏直接证据。但我们相信，随着技术的进步，人们一定能给出更确定的解释。而接下来，还有许多问题等待着人们去解决。例如，月球上水的来源，怎样才能将月球上的水为人们所用等。

6. 令人惊异的月尘

在地球上，陆地表面的许多地区都被土壤所覆盖。而在月球的表面也存在着一层厚厚的被称为“月壤”的物质。与地球土壤的形成过程不同，月壤是在缺乏氧气、水、风和生命活动的情况下，通过陨石和微陨石撞击、宇宙射线和太阳风粒子的持续轰击、大幅度昼夜温差变化等三个过程的共同作用，导致月球表面岩石破碎而形成的。广义的月壤包括所有的月表风化物质，甚至是直径数米的岩石。在“阿波罗”计划中，科学家们在对月球样品分类时，把直径大于1 cm的团块称为月岩，直径小于1 cm的颗粒称为狭义的月壤，其中直径小于1 mm的颗粒就是本节我们将要关注的月尘。月尘的粒度分布范围很宽，绝大部分颗粒直径在30 μm至1 mm之间。它们主要由玄武岩碎块、玻璃质碎片（包括大量的玻璃球粒）及微量金属颗粒组成。月尘具有许多独特的性质，因而也造成了不少奇特的现象。

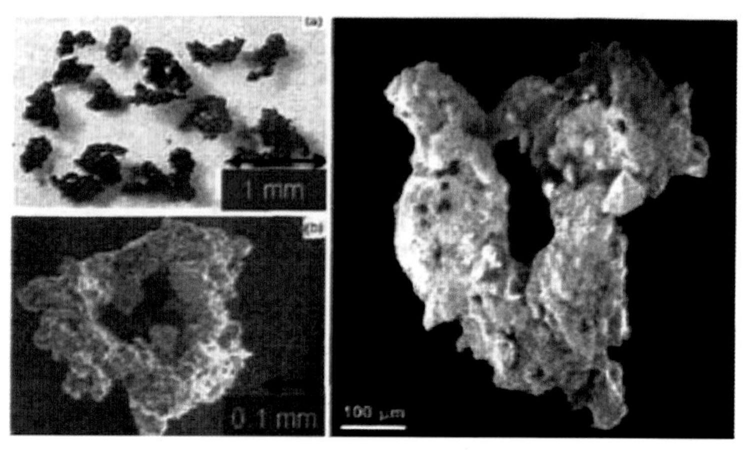

图3-34　月尘样品

6.1　“月球喷泉”与“晨曦光幕”

提到“月球喷泉”，还要从一篇科幻小说说起。1956年，当时人类对月球的了解基本上都是一些远距离观察后揣摩得到的假设。一位著名的

科幻作家哈尔·克莱门特发表了一篇科幻小说《尘屑》，描述了两个宇航员降落到月球环形山，对一种使月平线附近的星光变暗的薄雾进行科学考察的过程。小说中的宇航员最后得出结论，月球上的微光薄雾根本不可能是地球人一直猜测的月球大气层，而是一些漂浮在月球表面附近的尘埃。在书中，有一段主人公关于这种科学预言的令人印象深刻的谈话。一位宇航员首先问道："月球表面的物质是最肮脏的导电物质，月表的灰尘不停地扬起又落下，因为这种运动摩擦，所以它们通常都是带电的。当灰尘带上电荷，将会发生什么事情呢？"另一位宇航员回答："灰尘颗粒们会相互排斥。"提问者继续问道："如果一个周长绵延数百千米、边缘高达几千米的环形山都带上电荷，那落在这座山上的灰尘将会发生怎样的奇迹呢？"科幻小说作者凭借自己超凡的想象力描绘出的答案是：那些灰尘将会在静电作用下，像一座巨型的喷泉一样，在阳光下升腾不止。

哈尔·克莱门特自己都不知道，他描述出来的幻想情节，与后来的月球登陆车拍摄的照片以及登月宇航员亲眼见过的情景非常吻合。在宇航员乘坐"阿波罗11号"登月之前，人类就向月球派出过一些勘测飞船。勘测飞船软着陆在月球表面后，立即向地球传回了大量让当时的人们迷惑不解的照片。照片中显示，在离月球地面不远的空中，总有一些有如黎明到来时的微弱光芒在闪耀，非常清晰，并且这种状况会一直持续到黑夜来临。此外，由于月球上没有大气对阳光的散射作用，它的地平线应该如刀片一样的平直锐利才对，但是月球地平线并没有将天空与月表泾渭分明地分割开来，而是有一个逐渐模糊的过渡带。

最让人们感到惊讶的是1972年乘坐"阿波罗17号"飞船环月飞行的宇航员们所见到的奇观。在月球上的日出与日落的前后10秒钟之内，宇航员们反复看到了被他们叫作"丝带"、"白帘"或者"晨曦"的光幕，他们把这些奇怪的光影通过素描速写下来了。同样的光影，也被乘坐过"阿波罗"8号、10号和15号的宇航员们看见过。见图3–35。

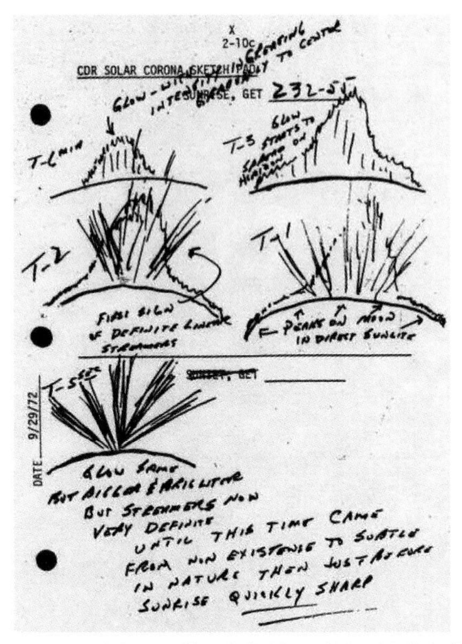

图3-35 “阿波罗17号”宇航员记录的“晨曦光幕”

其实，这些神奇的景象都是由扬起的月尘造成的。为了更好地观察月尘的运动，科学家设计了一种名为LEAM的仪器。LEAM是Lunar Ejecta and Meteorites的缩写，即“扬尘和陨石”的意思，它的作用就是监测月面上被陨石扬起的沙尘。

1972年，LEAM被“阿波罗17号”带到月球，并由宇航员安装在月面上（见图3-36）。它有三个传感器，分别记录尘埃扬起的速度、能量和方向。LEAM在月球炽热的白天工作了620个小时，在冰冷的月球夜晚工作了150个小时，它为人们揭示月尘的奥妙提供了很大的帮助。事实上，月尘长久漂浮的原因和科幻小说中提到的类似，也是由于月尘带有静电导致。不过现实中的月尘颗粒并没有像科幻小说中所说的那样因相互摩擦而生电，月尘是从太阳那里得到静电的：一方面通过阳光照射捕获光能产生静电，另一方面通过来自太阳本身带电的粒子获得电子，如太阳风。

在月球的日照面，由于太阳紫外线和X射线等各种高能射线的轰击，月球表面尘埃物质的原子与分子中的电子发生跃迁，直至电离。月尘微粒所带的正电荷逐渐积累，电荷越来越强，直到使尘埃微粒相互排斥，甚至离开月球表面，上升到数米甚至数千米的空中悬浮起来。由于月尘非常微小，一般直径不到1 μm，所以在整个月球日照地区形成壮观的带电灰尘带，并闪闪发光，让人误以为是“月球大气”。这种奇观即使在宇航员登陆月球后，也能清楚地看见。

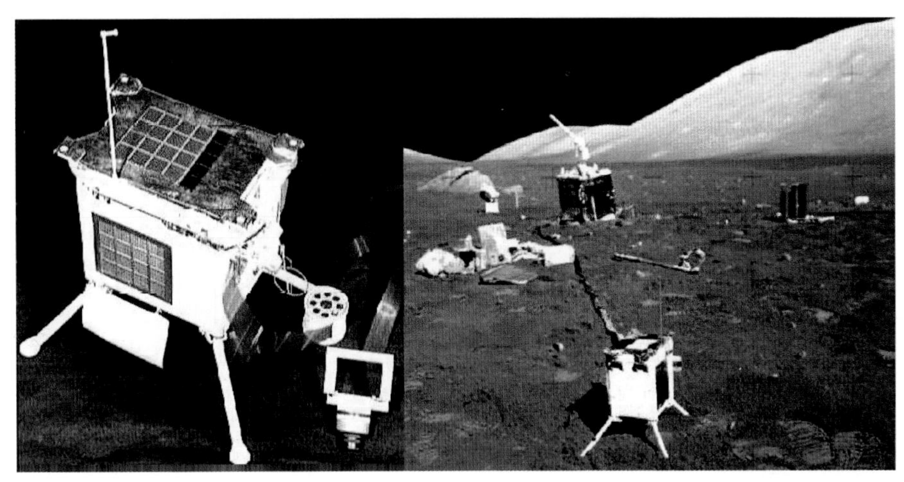
图3-36　“阿波罗17号”安放的LEAM

那么，在月球的背日面的情形是否相同呢？那里实际上也会发生“月尘喷泉”，不过那些悬浮到空中的月尘所带的电荷不是正电荷，而是负电荷。这些负电荷来自于太阳风中所携带的电子，再加上那些在日照面被太阳风激发出来的负电荷，会一起随着太阳风流向月球的背日面。实际上，喷泉模型的试验证明，背日面所带的电量比日照面还要高得多，在那里的月尘微粒会飞扬得更快更高。也就是说，背日面的“月尘喷泉”实际上喷涌得更猛烈、更壮观，只不过没有阳光的照射而无法被人们看见或者拍照罢了。

也许有人会马上发现这样一个问题：在月球的白昼与黑暗的分界线上，又会发生怎样的事情呢？而我们知道，月球也如地球一样，日出与日落造成的昼夜分界线总在周期性地移动，这种运动又会产生什么后果呢？物理学家们根据喷泉模型推测：在分界线区域，将会形成一种非常强大的地平线电场，电场会导致月尘像流体一样在地平线上空横向流动，最终导致边界区域的灰尘被电场全部吸光。当然，月尘微粒太小了，以致宇航员无法用肉眼看见那些在地平线附近急速奔流的尘埃巨浪。不过，当你身处地平线附近的黑夜区欣赏月球上的日出时，你会在地平线上看到一幕极为怪异的晨曦光芒，它们很薄，像是一匹巨大的白布帘在地平线的上空舞动

不已。

6.2 月尘的气味

月尘还有气味吗？“阿波罗”飞船的宇航员告诉我们：“这是一件令人吃惊的事情，它们散发出一种火药爆炸后的硝烟气息！”每个“阿波罗”宇航员都曾经闻到过月球尘埃的气味。月球尘埃是一种黏性物质，能粘在鞋子、手套和其他暴露的表面上。一旦宇航员摘下头盔和手套，就能闻到那股令人困惑不已的“月球味”。

但是令人惊异的是，一旦被送回地球，月球尘埃就不带有任何气味。难道“阿波罗”宇航员只是在毫无根据地猜测？国际空间站的宇航员佩吉特提供了一种可能的解释：“如果你身处沙漠，你会闻到什么气味？当然你什么也闻不到。但是一旦下雨，空气中就会充满了芬芳与泥炭的味道。”也许月球上也会发生同样的事情。佩吉特说：“月球就像一个具有四十亿年历史的大沙漠，一旦月球尘埃与登月舱中湿润的空气接触，那么就会出现‘沙漠雨’效应，并因此产生一些奇特的气味。”但是，“阿波罗”宇航员从月球带回的所有岩石样本一直在与潮湿、含有氧气的空气接触，任何有气味的化学反应早已经结束。

6.3 让人又爱又恨的月尘

如今，月尘已成为科学家们十分关注的问题，因为它可能会给人们探索月球带来很大的麻烦。例如在“阿波罗”计划中，月尘给登月带来的麻烦是人们事先没有考虑到的。“阿波罗17号”的宇航员尤金·赛尔南说：“我认为尘埃可能是我们在月球上活动的最大障碍。我们可以克服生理或身体上或机械上的一些困难，但无法克服‘灰尘’。”由于月尘极其细腻，如同粉末一般，一旦附着在航天员的靴子、手套以及辐射器、太阳能电池板等物体上便很难清除。附着于航天器的各种表面上的月尘可能引起很多故障，包括机械结构卡死、密封机构失效、光学系统灵敏度下降、部件磨损以及热控系统故障等。图3–37为月球车在月面行驶，扬起了大量月尘。

图3–37　月球车在月面行驶扬起大量月尘

此外，一旦月尘钻进宇航服中，也会给人的健康带来威胁。“阿波罗17号”的宇航员杰克·舒米特因为月尘而成了首个被记载染上地外花粉热病的宇航员。舒米特在数年后回忆起这段经历时说：“这种东西可以说是来无影去无踪。在首次太空行走后，我取下头盔，结果发现自己对月球尘埃有了一种强烈的反应。我的鼻甲骨开始肿起来，直到数小时后才慢慢消退。”不过其他宇航员却没有染上花粉热。对此，舒米特笑着说：“他们只不过不想承认罢了。”

这一事件引起了美国航空航天局科学家们的高度重视。行星地质学家劳伦斯·泰勒首先提出了一种克服月尘干扰的解决方案。他注意到，在微波辐射的作用下，月尘样本会被烧结成类似玻璃的物质。泰勒表示，借助目前的微波发生装置完全可以保障未来的月球移民者们开辟出一块面积不大并且可避免受到月尘干扰的“安全”活动区。他指出，可将微波发射器安装在一辆特制的月球车上，这样一来，只需很短的时间便可开辟出一片免受尘埃污染的区域。一些人开玩笑地将这种装置称为“月球割草机”。

但是，月尘并非只有百害而无一利，美国的科学家正打算利用月尘在月球上建造直径50米的巨型望远镜以搜索太阳系外的生命迹象。他们已经利用月尘样品和其他一些化学材料制成了直径30 cm的望远镜镜片。科学家们认为利用月尘制造望远镜可以节省大笔运输费用，对于未来开发月球和在月球开展天文学研究非常有利。

目前，人们对月尘的研究方法除了直接从月面采样外，还可以通过飞行器撞击月球来进行研究。撞击月球最成功的是欧洲第一个月球探测器“智能1号”。2006年，重约370 kg，体积约1 m³，相当于一个洗衣机大小的“智能1号”按预定计划，以7 000 km的时速，与月球表面几乎平行的1°角成功撞击月球，在月球表面砸出一个直径数米的大坑，同时激起十多千米厚的“尘埃”。而我国的“嫦娥一号”也于2009年3月1日以1.7°倾角、1.65 km/s的初速度下落并准确、受控地撞击在月球正面东经52.36°、南纬1.5°预定的丰富海落月点，为我国科学家提供了研究月尘相关性质的机会。见图3–38、图3–39。

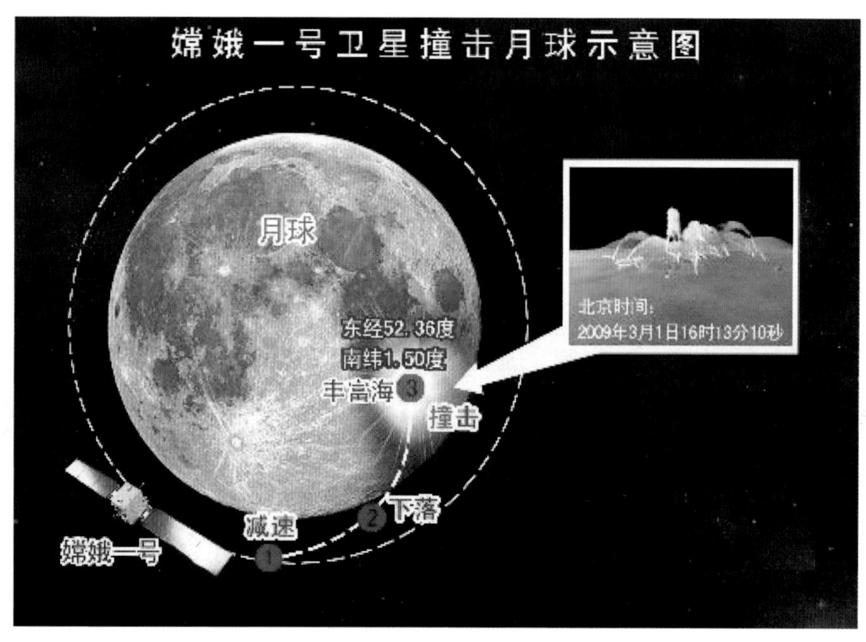

图3–38 “嫦娥一号”撞月示意图

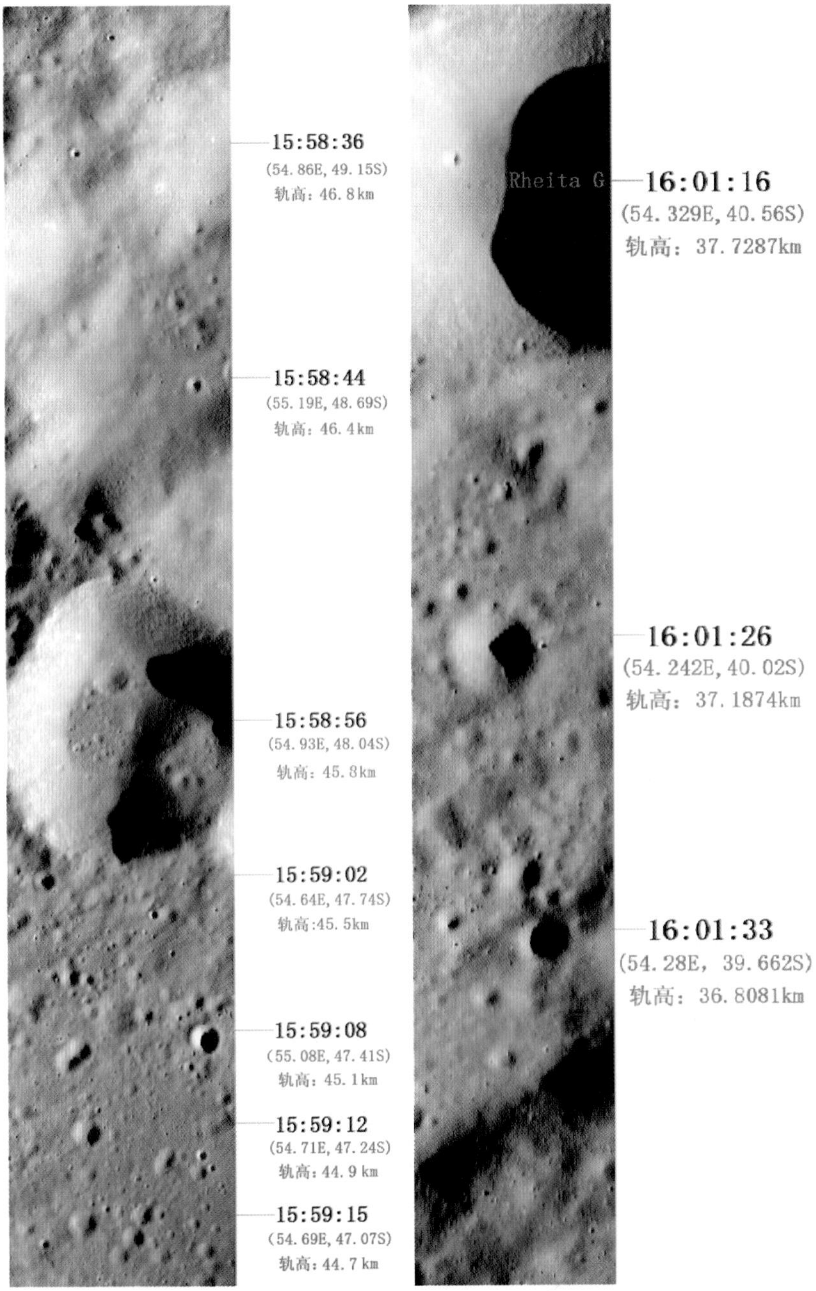

15:58:36
(54.86E, 49.15S)
轨高：46.8km

15:58:44
(55.19E, 48.69S)
轨高：46.4km

15:58:56
(54.93E, 48.04S)
轨高：45.8km

15:59:02
(54.64E, 47.74S)
轨高:45.5km

15:59:08
(55.08E, 47.41S)
轨高：45.1km

15:59:12
(54.71E, 47.24S)
轨高：44.9 km

15:59:15
(54.69E, 47.07S)
轨高：44.7 km

Rheita G

16:01:16
(54.329E, 40.56S)
轨高：37.7287km

16:01:26
(54.242E, 40.02S)
轨高：37.1874km

16:01:33
(54.28E，39.662S)
轨高：36.8081km

图3-39　“嫦娥一号”撞月过程中拍摄的图像

现在，科学家们正在计划用一个称为“月球大气与尘埃环境探测器”（LADEE）的小型轨道器来研究月尘的秘密。该探测器将耗资8 000万美元，计划于2013年发射。LADEE将携带至少两台仪器，一是用于大气研究的光谱仪，二是以砂性月壤为研究对象的尘埃探测器。它将会帮助人们进一步揭开月尘的秘密，为人们未来的探月活动提供更为全面的资料（见图3-40）。

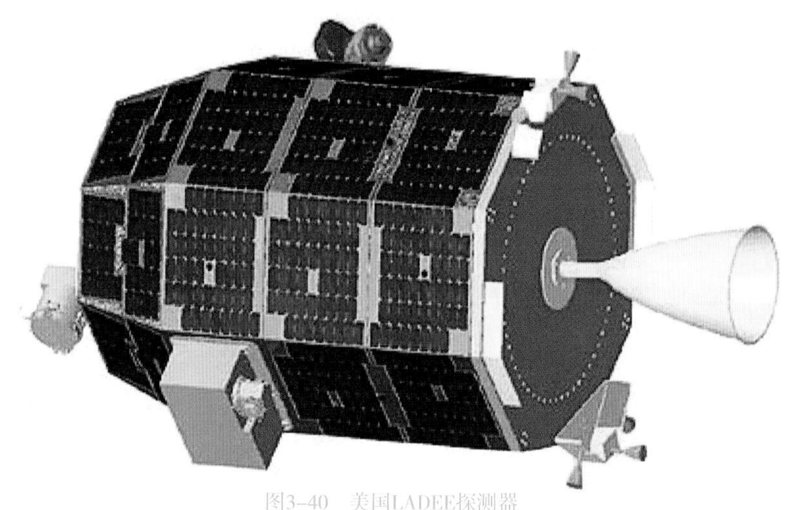

图3-40　美国LADEE探测器

7．曾经活跃的火山

在地球上，火山爆发是极为壮观的景象（见图3-41）。然而如今的月球，到处是一片死寂，完全没有现代火山活动的迹象。但月球表面广泛存在的各种火山地貌却表明，月球也曾经是被火山熔岩所覆盖的世界。最明显的证据就是月海，它们大都被暗色的玄武岩覆盖，这些玄武岩便是岩浆喷出月表后经冷却形成的。

图3–41　地球上的火山喷发

除了大面积的玄武岩，月球表面还存在许多火山地貌。月球上面积最大最典型的火山地貌区是风暴洋中的马里乌斯火山高原，它位于风暴洋的中部，面积约3.5×10^4 km^2，高出月海表面约2 km。在这里，存在着大量与火山活动有关的地貌特征。见图3–42和图3–43。

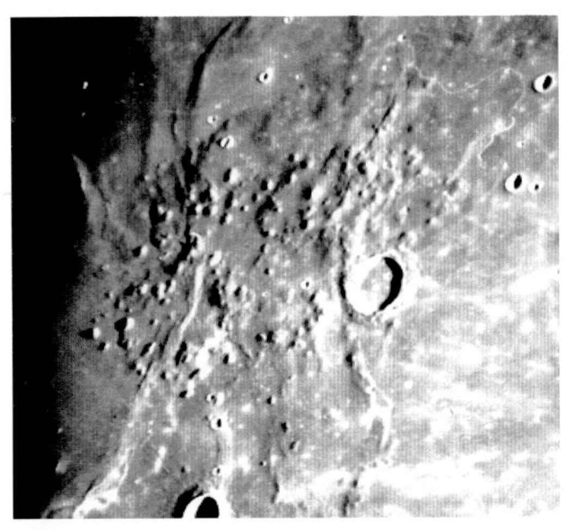

图3–42　通过望远镜看到的月球马里乌斯火山高原

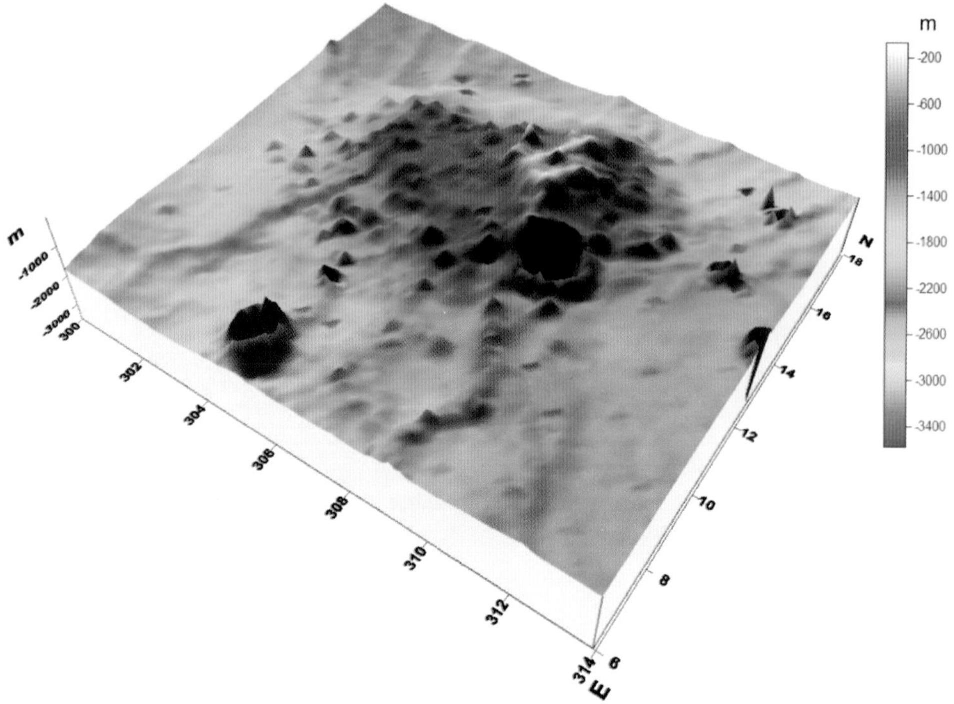

图3-43　月球马里乌斯火山高原三维地形模拟

7.1　月溪与月谷

在月球表面我们会发现许多狭长而凹陷的沟槽，它们通常有几千米宽，弯弯曲曲绵延数百千米，很像地球上的沟谷，而在月球上被称为月谷和月溪。月谷一般较宽，多出现在月陆上较平坦的区域，而月溪则相对较窄，在月陆和月海中都有，并以后者为主。

月溪依据其形态可以分为三类：蜿蜒型月溪（Sinuous Rilles）、弓型月溪（Acuate Rilles）和直线型月溪（Straight Rilles）。蜿蜒型月溪就像地球上弯弯曲曲的河道，它们通常被认为是熔岩流流过的痕迹或是地下的熔岩通道坍塌后的遗迹。这类月溪通常发育在火山活动区域，如马里乌斯火山高原、阿里斯塔克火山高原等。弓型月溪多呈光滑的弧形，并且通常发

育在月海的边缘，它们可能是充填月海的熔岩的边缘冷却收缩形成。直线型月溪一般较为平直，它们多被认为是构造运动形成的沉陷区域（见图3-44、图3-45、图3-46）。

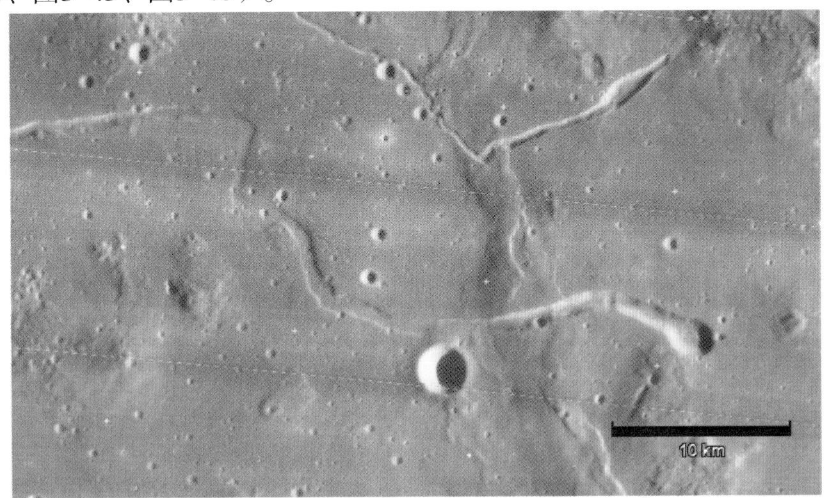

图3-44　马里乌斯火山高原上的蜿蜒型月溪

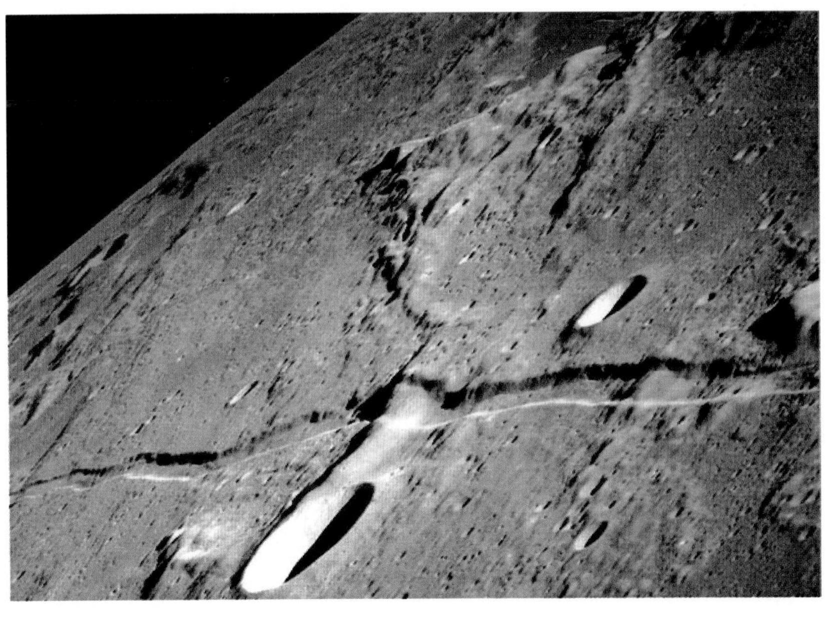

图3-45　“阿波罗10号”拍摄的阿里埃斯月溪（直线型月溪）

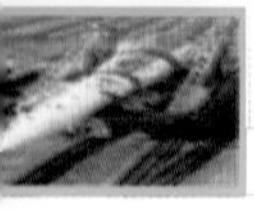

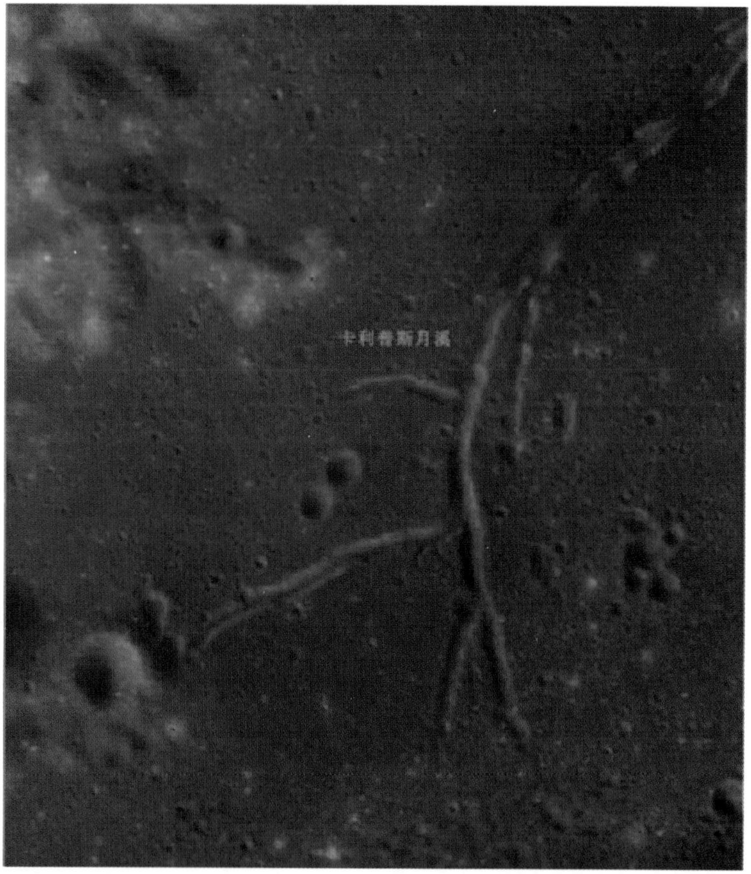

图3-46 "嫦娥二号"拍摄的卡利普斯月溪（弓型月溪）

人们最为熟知的月溪大概要数雨海中的哈德利月溪，1971年7月26日美国发射的“阿波罗15号”飞船的登月舱就降落在它的附近。这条月溪起始于雨海边缘亚平宁山脉的哈德利山附近，并因此得名。哈德利月溪长130多千米，某些地方宽1 500 m以上，深达300多米。这条月溪形成于将近33亿年前，很可能是一条熔岩通道，其中部分区段是有顶的，构成熔岩管。地球上也有类似的熔岩通道和管道，但要比月面上发现的月溪小得多，例如夏威夷的熔岩通道通常不到10 km长，只有50～100 m宽。见图3-47、图3-48、图3-49。

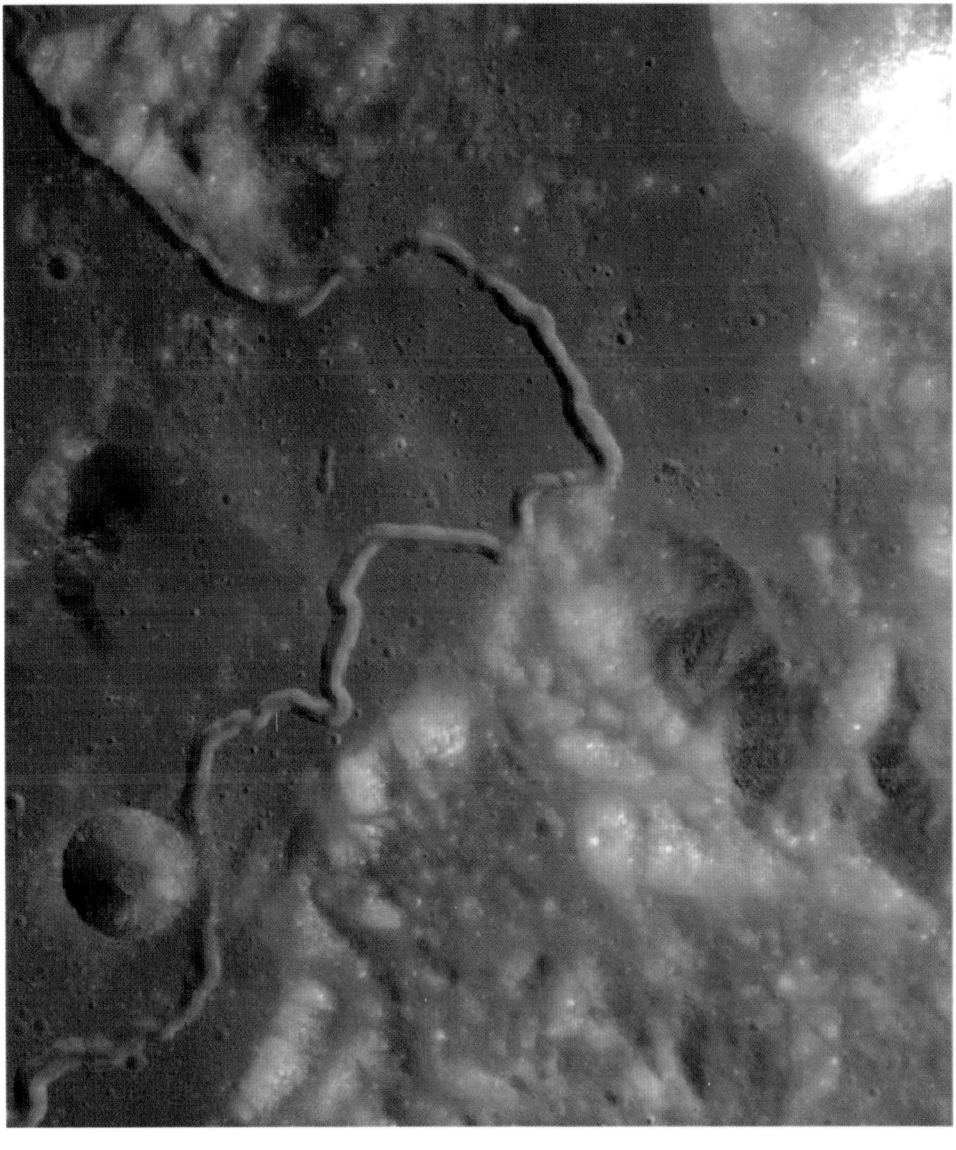

图3-47　“嫦娥二号”拍摄的哈德利月溪

图3–48 “阿波罗15号”的宇航员在哈德利月溪附近活动

图3–49 夏威夷岛上的熔岩通道

月球上，有两条月溪是以中国人的名字命名的，它们是万玉月溪和宋梅月溪。万玉月溪位于雨海西南部，其中心地理坐标为：20° N、31.5° W。万玉月溪长12 km，它的旁边是娜塔莎撞击坑。如果把这个撞击坑看成是水瓶的话，万玉月溪更像是水瓶中倾倒出来的水流。宋梅月溪则位于澄海西部，其中心地理坐标为：24.6° N、11.3° E。宋梅月溪长4km，从克里希纳月谷东北部延伸出来。如果把月谷当作一头大象，那宋梅月溪就好似这头大象的鼻子。见图3–50。

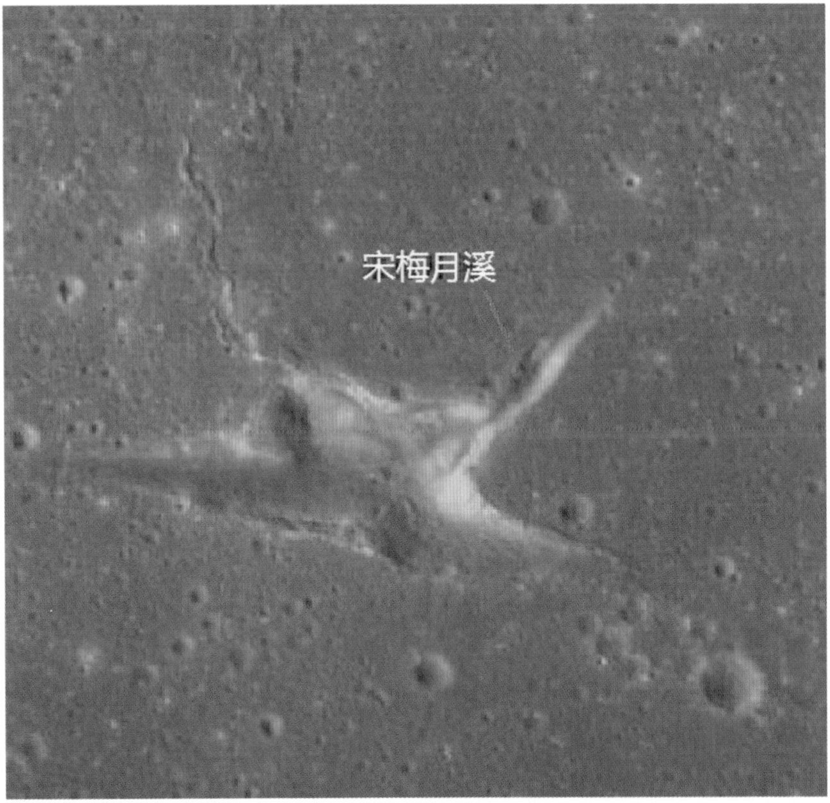

图3–50　“嫦娥二号”拍摄的宋梅月溪

人们较为熟知的月谷则是金牛—利特罗月谷，它位于澄海的东南部边缘附近。由于这个月谷位于利特罗撞击坑和金牛山脉附近，所以人们便称之为金牛—利特罗月谷。在这个月谷附近，有一个用中国人名命名的撞击

坑——景德撞击坑。景德是宋真宗的年号，以瓷器闻名的景德镇就是以这个年号命名的。1972年12月，“阿波罗17号”飞船在金牛—利特罗月谷降落，这是“阿波罗”登月行动的谢幕之作。三名航天员对金牛—利特罗月谷地区进行了详细勘探，考察了这里的火山口、陨石坑。通过他们在考察中获得的证据，科学家们测算出此处的玄武岩约有1 400 m厚，在玄武岩之上的表层区域是厚达14 m的由火山碎屑和撞击坑溅射物形成的月壤等组成的沉积物。在这些宇航员之中，有一位是地质科学家施密特，他发现了奇特的橙红色月壤。这表明月壤中有氧化铁，也暗示此处曾经发生过火山活动。这是以前在月球上没有发现的。见图3–51、图3–52。

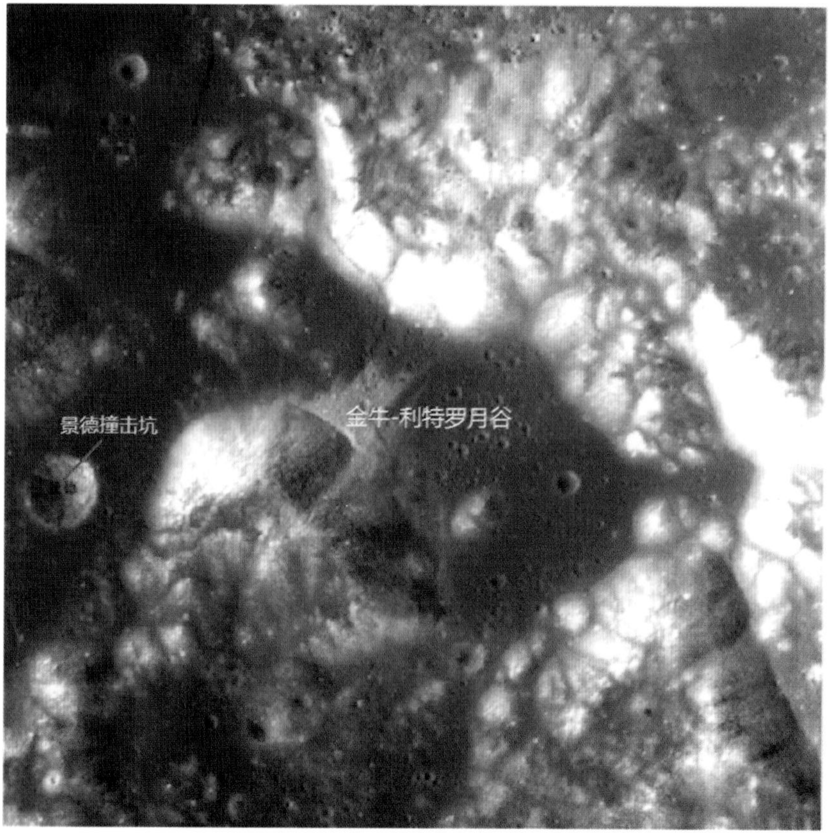

图3–51 “嫦娥二号”拍摄的金牛—利特罗月谷

图3-52　“阿波罗17号”飞船宇航员在研究月球上的岩石

7.2　火山穹隆与火山锥

在月球上，有一些低矮的、呈穹隆状的构造，它们就是由月球火山作用形成的火山穹隆。它们的外部轮廓大都为圆形或椭圆形，直径一般小于5 km，并成群出现。这些穹隆中，有的顶部有圆形或长条形的凹坑，岩浆就是从这里喷出，而另一些穹隆的顶部则是封闭的，它们可能是由于上涌的岩浆未能冲破月表而留下的遗迹。

和火山穹隆相比，月球上的火山锥则要小一些，且数量也没有火山穹隆多。这些火山锥常呈群或独立分布，它们的底部直径一般为1～2 km，高度一般小于100 m。这些特征与地球上的火山锥相似。但是，不论是月球上的火山穹隆还是火山锥，都要比地球上的更显得平缓，其中一个重要原因是月球上重力较小，喷出的岩浆可以流得更远，而不是聚集在火山口附近形成坡度较陡的火山锥。见图3-53至图3-56。

图3-53　月球马里乌斯火山高原上的火山穹隆

图3-54　美国拉森峰国家公园内的火山穹隆

图3-55　月球火山锥（直径约1.5km）

图3-56　云南腾冲火山锥

前文我们曾经提到，虽然月球上遍布着圆形的撞击坑，但是并非所有的圆形坑都是撞击形成，也有一部分是火山作用形成。区别撞击坑和月球上火山作用形成的月坑并不是一件很难的事情。一般而言，火山作用形成的月坑常具有平整的边缘，缺少如台阶状的内部构造，也没有中央隆起或中央峰，周围也没有溅射物下落形成的辐射纹或二次撞击坑。当然，这些特征也可以被认为是撞击形成的月坑内部被熔岩流所覆盖，外部的溅射物层和二次撞击坑也被外部熔岩流所掩埋。然而，还有一个重要的区别在于坑的内壁和外壁的坡度。撞击坑的环壁内侧较陡，外侧较缓，而火山口却具有独特的对称性边缘。

除了火山口，还有一些呈线型排列的月坑链也被认为是和火山作用有关。这些月坑链一般分布在火山活动集中区，甚至会出现在月溪中。它们可能是月球上的熔岩通道垮塌而形成的月坑。例如在月球南部高原上汽海南部的希吉努斯月溪中就有数十个呈链状排列的月坑，它们就被认为是和火山活动有关。见图3–57。

图3–57　希吉努斯月溪中的链状月坑

7.3　皱脊

在月海表面常常可以看到许多蜿蜒曲折如人们皮肤上的皱纹一样的地貌，这就是皱脊。皱脊大多分布在月海的边部，形状往往很不规则。它们可达500 m高，十几千米宽，可以延伸几十千米甚至上百千米，但有时也会发生间断。

月海皱脊的形成原因比较复杂。一部分皱脊被认为是由于挤压或错断形成的，就像地球上的褶皱和断层；而另一部分皱脊则被认为和岩浆活动有关。但是科学家对于皱脊和月海形成的先后顺序却有着不同的看法。一种观点是月海表面的皱脊切断了撞击坑，由于撞击坑是在月海之后形成，因此皱脊也应该是在月海之后形成。另一种观点是，有些皱脊下部有熔岩流流出的痕迹，这说明皱脊和月海应该至少是同时形成。关于皱脊的成因，尚需要进一步的研究。目前，一些学者认为，皱脊构造可能是月球整体冷却收缩时形成的，而且月球在过去的10亿年间，直径已经收缩了约100 m。图3–58为“阿波罗15号”拍摄的雨海中的皱脊。

图3–58　“阿波罗15号”拍摄的雨海中的皱脊

我们已经介绍了这么多月球上的火山地貌特征，那么月球上火山的年龄有多大？它们又是何时停止活动的呢？与地球上的火山相比，月球火山可谓老态龙钟。大部分月球火山的年龄在30亿~40亿年之间，典型的月海区域的火山年龄为35亿年，而最年轻的月球火山也有1亿年的历史。而地球上的火山大多属于青年时期，一般年龄小于10万年。年轻的地球火山仍然十分活跃，而月球却没有任何新近的火山和地质活动迹象。因此，天文学家称月球是“熄灭了”的星球。

除了火山年龄，月球火山和地球火山还有更多的不同。首先，地球上的火山多呈链状集中分布，例如著名的环太平洋火山带上就有超过512座活火山，而火山也常常勾勒出地球岩石圈板块的边界。但在月球上，并没有板块构造的迹象，典型的月球火山多出现在巨大古老的冲击盆地或月海之中。其次，月球上重力仅为地球的1/6，这意味着月球火山熔岩的流动阻力较地球更小，熔岩行进更为流畅，又由于月球熔岩的黏度较小，流畅的熔岩流很容易扩散开，这就可以解释为什么月海的表面大都平坦而光滑。而月球上较小的重力，使得喷发出的火山灰碎片能够落得更远。因此，月球火山的喷发，只形成了宽阔平坦的熔岩平原和高原，而很少出现类似地球形态的火山锥。除此之外，月球上没溶解的水，而水蒸气在地球熔岩中是最常见的气体，是激起地球火山强烈喷发的重要因素之一。因此，科学家认为缺乏水分，也对月球火山活动产生巨大影响。具体地说，没有水，月球火山的喷发就不会那么强烈，熔岩或许仅仅是平静流畅地涌出月面。

8．极不均匀的月壳

从地球上看月球，它的形状呈现出规则的球形，如同一个篮球。但事实上，月球的形状更像是一个鸡蛋。科学家们认为，月球在总体形状上有轻微的不对称现象。但我们举头望月时，它那鸡蛋形的两个尖端之一就正好对着我们，因此我们看到的月球才是圆形的。

月球不仅形状像鸡蛋，它的内部结构也像鸡蛋一样，包括蛋壳（月

壳）、蛋清（月幔）和蛋黄（月核）三个部分。所不同的是，鸡蛋壳的厚度基本上是一样的，而月球的壳却是厚薄不均的，月壳正对着我们的一面比较薄，而背对着我们的那一面比较厚。见图3–59。

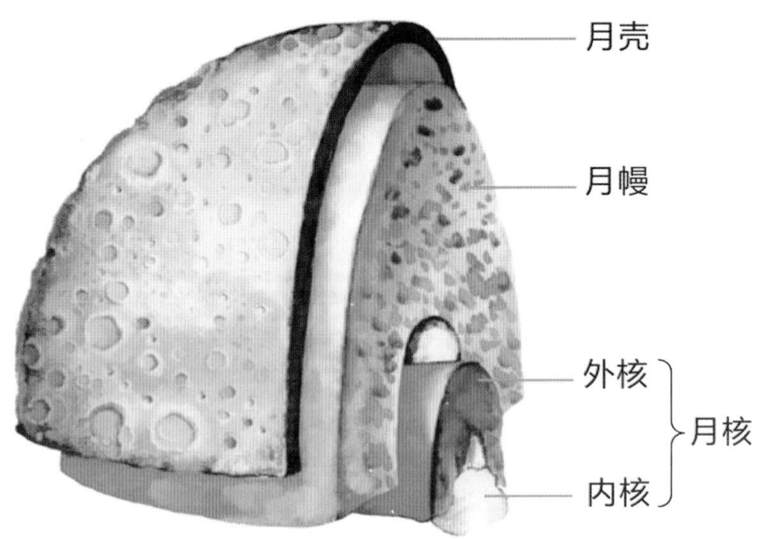

图3–59　月球内部结构示意图

科学家们可以通过对月震的探测来研究月球内部的结构。这是由于发生月震时会产生月震波，月震波在月球内部的传播速度可以间接地揭示出月球物质成分的变化。“阿波罗”登月飞船的宇航员登上月球后，在着陆区放置了能够测量月震的月震仪。这些月震仪进行的探测表明，在距月球表面深65 km处，月震波波速从7 km/s增加到8 km/s。月震波波速不连续说明月球内部的传播介质出现了变化，这里就应该是月壳和月幔的界面。根据测量的数据，科学家推断月壳的平均厚度约为65 km，但在面向地球的月球正面，月壳厚度平均约为50 km，而在背向地球的月球背面，月壳厚度平均约为74 km。最近，新的研究成果表明，月壳可能比原来认为的更薄，平均厚度约50 km，而“阿波罗”飞船着陆区的月壳应该只有30～45 km。见图3–60。

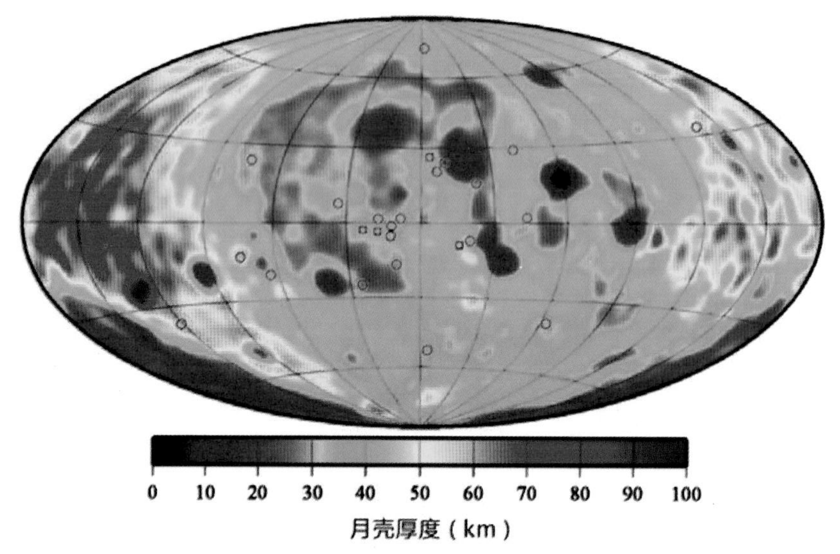

图3-60　月壳厚度分布图

至于导致月壳不均匀的原因，有人认为是地球引力造成月壳质量分布不均造成的。通过对月壳中元素含量的研究，科学家们发现，在44亿年前，月球的表面覆盖着厚厚的“岩浆洋”。它的厚度目前还不能确定，有的学者认为是200 km，有的则认为有800 km，甚至有的认为整个月球为熔融的“岩浆洋”。因为同步自转的缘故，月球总是一侧向着地球，因而在地球引力场的作用下，月核会向地球一侧移动，同样，表面“岩浆洋”中重的物质偏向地球一侧，轻的物质向背向地球的一侧漂移。当“岩浆洋”冷却，面向地球的这一侧就形成了密度较高但厚度较薄的月壳，而背向地球一侧的月壳厚度较大、密度较小。如今的月球探测结果也表明，月球的质量中心并不在其几何中心的地方，而是偏离中心大约有2 km，而月球大的质量密集区主要位于正面几个大型月海盆地的表面之下。在这些区域测得的重力值会出现较大的正偏差，即重力正异常。科学家们形象地称这些区域为月球的“质量瘤”。见图3-61。

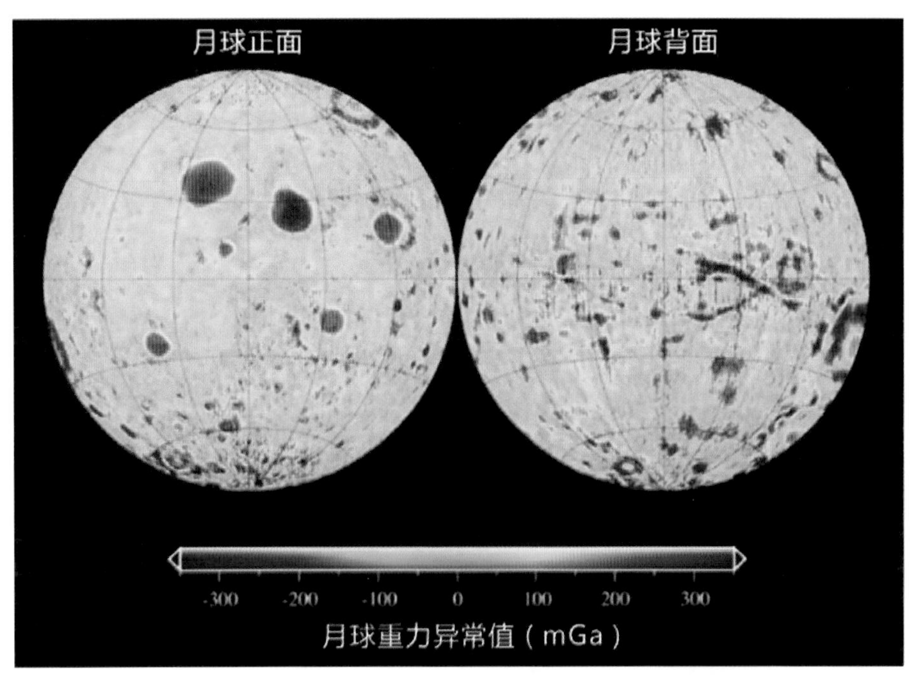

图3–61　月球重力异常分布（红色为“质量瘤”分布区域）

月壳不但在厚度上很不均一，在成分上也存在区域性的差别。月球表面由月海和高地（月陆）两大基本单元构成，月海中主要分布着玄武岩，月陆主要由斜长岩组成。因而，月壳在成分上也可分为以斜长岩为主的高地月壳和以玄武岩为主的月海月壳。这同样也和前面提到的“岩浆洋”有关。“岩浆洋”在形成之后会发生分馏，其中较轻的斜长石上浮形成斜长岩月壳，而较重的矿物如橄榄石、辉石下沉到“岩浆洋”底部形成上月幔。因此，可以认为月球高地是早期斜长岩的残留体，凝固的年龄为44亿～45亿年。绝大部分月岩是在约44.6亿年前的主要岩浆事件期间形成的。在早期月壳形成之后，由于受到一些小天体的撞击，月海盆地形成。随后，岩浆从月壳下涌出，导致月海盆地被玄武岩覆盖，才最终形成了如今的月壳。

【小知识：月球斜长岩】

斜长岩是一种由90%或更多的斜长石组成的岩石。除了斜长石，斜长岩中还有辉石、橄榄石等矿物。月球上的斜长岩大多呈灰白色块状，以富Al为主要特征。最近，科学家们根据日本“月亮女神”号探月飞船的探测结果，认为月壳中的斜长岩有很大一部分是全部由斜长石组成的纯净斜长岩。见图3-62、图3-63。

图3-62　月球斜长岩

图3-63　斜长岩中的主要矿物成分：

斜长石（左），辉石（右上），橄榄石（右下）

9．消失已久的磁场

地球是一个被磁场包围的星球，地球的磁场可以帮我们抵挡太阳风的影响，可以让我们用指南针判别方向。但在月球上，却存在一个很奇怪的现象，那就是指南针在这里会失灵。这是因为在如今的月球上，并没有一个全球性的偶极磁场。而地球则有这样一个大磁场，就如同把一个条形磁铁放在地球中心，磁力线从地球的南极指向北极，这也使指南针能在地球上指示南北（见图3–64）。但月球只有局部性的磁场，“阿波罗”飞船和“月球勘探者”探测器的探测表明，月球的磁场强度极弱，且不同区域磁场强度大小明显不同。例如在月球上年轻盆地与撞击坑内的平均磁场强度仅为0.5 ~ 1.5 nT，月壤物质的磁化较强，为3 ~ 5 nT，而酒海、危海等盆地的平均磁场强度大于11 nT。相比之下，整个月面的平均磁场强度仅为4 nT。这一强度还不到地球表面磁场强度的万分之一，而和生活中常见的磁铁相比，月球的磁场强度仅为它们的亿分之一。图3–65为“月球勘探者”探测器绘制的月球磁场强度分布图。

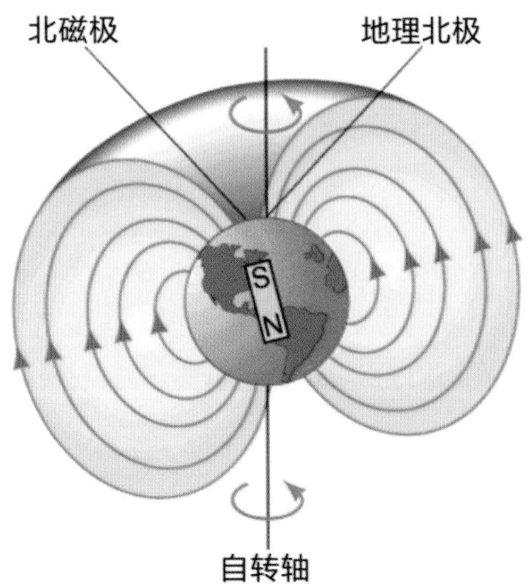

图3–64　地球上的偶极磁场

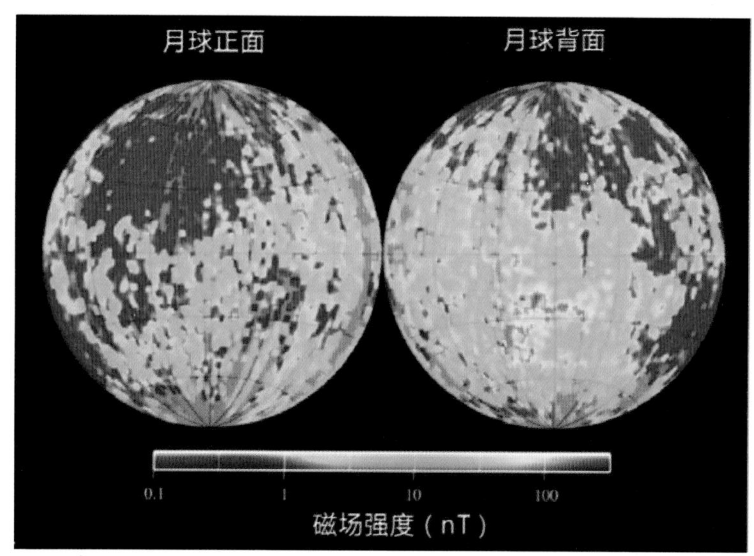

图3-65　“月球勘探者”探测器绘制的月球磁场强度分布图

那么月球的磁场从何而来呢？一般而言，固态行星磁场的成因是“发电机效应”。这一理论是从一条简单的科学原理引申出来的：电流或是运动的电子在通过导线时就能产生磁场。这一现象在中学物理课本上都有介绍。对于行星而言，当行星的液态铁核浸在导电的流动液体中，通常就会产生这种效应。液体在热对流（炽热内核释放的热流）和星球自转的双重作用下围绕行星流动，这种运动产生了电流并随之形成了磁场。但是早期的月球专家根据当时的一些证据断言，月球不可能有这样的核心。而随着“阿波罗”计划和一系列月球探测器的发射，科学家们搜集了越来越多的资料，通过对月球探测数据的处理和分析，提出了关于月磁起源的多种假说，例如热剩磁说、撞击成因说、地球磁场磁化说等。

热剩磁说有着众多的支持者，它直接来自于“发电机效应”理论。这些学者认为39亿年前，在大的撞击作用下，当液态岩石浮上月球表面形成“岩浆洋”时，会形成一个密度大且充满放射性元素钍、铀等的次表面区。这些元素会发生衰变，释放出热能，像电热毯一样焐热并融化月球的铁核心。最后超热物质由月球内部传导至月球表面，形成提供“发电机效

应”运转的能量，随着月球的自转，液态铁核会产生电流，进而产生感应磁场。当月海玄武岩形成的时候，在岩石中会记录当时的月球磁场，形成现在月球岩石中剩余的磁性。最后当这些放射性元素衰变到一定程度时热传导会停止，铁核冷凝，“发电机”停止转动，月球全球性磁场也会随之消失。根据这一假说，学者们认为月球上存在过全球的偶极子磁场，在后来的撞击作用和外界磁场的影响下形成了现在的无规律分布的磁场。

撞击成因说的提出则是由于人们观察到月球表面大型撞击盆地内磁场强度低，而大型撞击盆地对应的另一半球磁场强度则较高，且形状相同。因而一些科学家认为，这一磁场的强化可能与撞击事件有关。超速撞击（速度大于10 km/s）可形成等离子体云，即由于撞击产生的高温使原子核内的电子脱离原子核的吸引，形成的一些由离子和电子组成的物质云。这一等离子体云滞留于月球上5分钟左右，从而使原先的磁场得到短时间的加强，而被加强了的磁场在等离子体云衰减变薄之前仅可保持一天左右，在如此短的时间内撞击坑里的岩石难以冷却，因此，也就不会发生磁化。但在撞击盆地边缘由于撞击溅射作用，则会产生撞击剩余磁化，这些被磁化的物质在撞击后的几十分钟内落在对峙区域内，使这些区域的磁场强度增大。

还有一些科学家认为月球磁场是受地球磁场的影响形成的，这还要从太阳风说起。太阳风是从太阳上层大气中射出的超速等离子体带电粒子流，当它们来到地球附近时，会对地球的磁场产生影响，使地球正对着太阳一面的磁场被压缩成一个狭小的包层，其高度只有7～10个地球半径。在背向太阳的一面，太阳风无法对地球磁场施加压力，磁场则可以向外延伸数百个地球半径的距离，就仿佛是地球拖了一个长长的尾巴。而月球与地球的距离为38×10^4 km，相当于60个地球半径（几十亿年前月地距离可能更近）。很显然，月球在地球朝向太阳的一侧时，处在地球磁场以外；当运行到地球的背向太阳一侧时，月球却处在地球磁场之中。此时，古老的、较弱的地球磁场便保留在月球的岩石之中。见图3-66。

图3-66　太阳风对地球磁场的影响示意图

2009年，关于月球磁场，科学家们又有了新的发现。他们挑选了一块航天员在20世纪70年代从月球表面带回的月岩样本作为研究对象。在研究开始前，专家们先将这块编号为76535的月岩标本放在一个特制的绝缘房间内数月时间。这样做的目的是为了消除该标本在到达地球后可能产生的磁化效应。

在“脱磁”过程完成后，研究人员将76535号月岩标本置于一变化的磁场内，并通过机械臂对其各个部分的磁化情况进行测量。随后获得的分析结果显示，这块月岩过去曾长期处于磁场的作用之中。而利用放射性同位素测年法获得的数据表明，76535号月岩先前受磁场影响的时间应是在距今42亿年前左右，也就是说，仅仅是在月球形成后大约3亿年。这一研究成果为热剩磁说增加了新的证据，也激励着科学家们更加努力地探索月球磁场的奥秘。见图3-67。

10．神秘莫测的内核

图3-67　第76535号月岩标本

1969年11月20日4点15分，由“阿波罗12号”制造了一次人工月震，以研究月球的内部结构。月震发生时，正在进行观测的美国航空航天局和科学家们惊得目瞪口呆：月球震动55分钟以上，而且由月面地震仪记录到的月面“晃动”曲线是从微小的振动开始逐渐变大的。从振动开始到消失，时间长得令人难以置信。振动从开始到强度最大用了七八分钟，然后，振幅逐渐减弱直至消失。这个过程用了大约一个小时，而且“余音袅袅”，经久不绝。见图3-68、图3-69、图3-70。

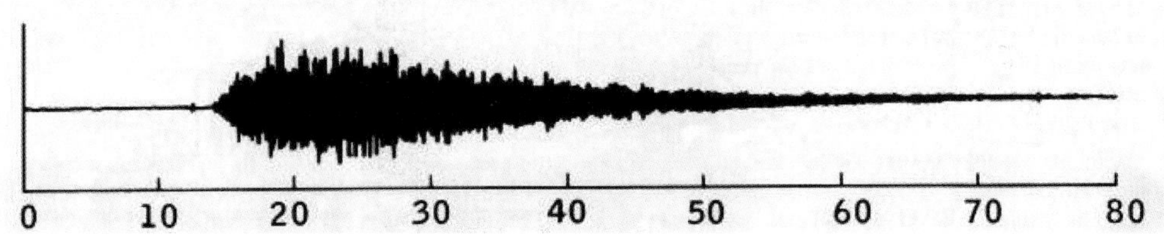

图3-68　“阿波罗12号”制造的人工月震

图3-69　“阿波罗11号”宇航员在月球上安置月震仪

图3-70　“阿波罗”计划中所安置地震仪的分布情况

（图中红色五角星即为月震仪分布点）

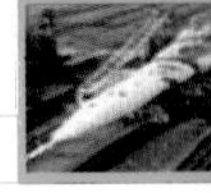

产生的月震波持续了约1小时，在随后的“阿波罗13号”人工月震中，更是获得长达3小时的振动。如果月球是实心的，那么这种震波只能持续3～5分钟。举个生活中的例子，我们用力敲击一个空心铁球时，会发出嗡嗡而持续的振动，而敲击实心铁球的时候，只会维持短暂的振动，时间不长就停止了。因而，这些月震实验的结果仿佛在告诉我们：月球内部可能是空心的。

根据上述事实，苏联天体物理学家米哈依尔·瓦西里和亚历山大·谢尔巴科夫大胆地提出了“月球空心”这一假说，并在《共青团真理报》上指出：“月球可能是外星人的产物。15亿年以来，月球一直是外星人的宇航站。月球是空心的，在它的内部存在一个极为先进的文明世界。”

然而如今的研究却否定了这一结论，月震波之所以能长时间地传播，是因为月球表面有一层比较松散的土壤层。月震波在月球比较厚和松散的土壤层中传播，会反复发生反射、折射，衰减比较慢，特征和地球上的地震波传播不一样，完全不是因为空心造成的。

但是要了解月球内部的结构，却并非易事。由于我们不能在月球表面直接打钻到月核，因此只能通过间接手段来研究月球的内部结构。这之中最重要的手段依然是对月震波的研究，震波在不同的介质中传播时其速度和传播方向会发生变化，甚至消失。因此，通过研究月震波的变化情况，并和地球上地震波的传播情况进行比较，就可以大致地判断月球内部的物质组成和结构。但是，在“阿波罗”计划完成后的几十年里，科学家们虽然对月球内部某些特性进行了估算，并提出月球存在一个月核，但是关于其大小、状态以及化学组成却一直无法达成一致意见。之所以过去对月球内部的研究困难重重，一部分原因就在于很难将月震仪数据中的“噪音”区分开，从而获取清晰的月震信息。为了克服这一困难，美国宇航局的科学家们采用了称为“阵列处理技术”的新地震波分析技术对“阿波罗”计划中在月球上安置的地震仪的数据进行分析。这种技术可以从干扰信号中区分并识别真实的月震信号，帮助科学家们了解月震波如何在月表之下传播，以及在月表下何处传播，或在某处发生发射，如此便能间接地得到有

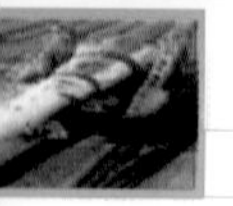

关月球内部圈层分界面以及物质组成的信息。

2011年初，他们公布了最新的研究成果：月球可能拥有一个和地球类似的液态外“月核”。这项最新的研究显示，月球拥有一个固态、富铁的内月核，直径约240 km，其外层包裹着一层液态的铁质外核，直径约为330 km。但与地球的不同之处在于，月核的最外层还有一层部分熔融状态的过渡层，直径约483 km。研究还发现月核部分含有少量的轻元素，如硫。图3–71为美国宇航局提出的最新月球内部结构示意图。

图3–71　美国宇航局提出的最新月球内部结构示意图

这一研究成果让我们对月球内部构造有了新的认识，但是依然有很多谜团有待于我们揭开。例如，一般来说，具有液态内核的行星或天然卫星，在自转时会产生“发电机效应”，从而产生磁场。以地球为例，其熔融的外核可以通过称作“热对流”的过程发生运动，流动的铁—镍物质会产生电流，进而通过“发电机效应”产生磁场。既然月球有液态的外月核，为什么几乎没有磁场呢？

为了进一步探索月球内部的秘密，美国宇航局于2011年9月发射了“重力回溯及内部结构实验室”（GRAIL）卫星，这颗卫星由两个小型探测器GRAIL A（Ebb）和GRAIL B（Flow）组成，它们分别于2011年12月31日和2012年1月1日进入轨道。这两颗航天器可以相互传输无线电信号，精确确定彼此间的距离。当它们飞越不同地貌产生的或大或小的重力场时，两颗航天器之间的距离会产生细微的变化。科学家可以依据这些信息绘制高分辨率的月球重力场分布图，确定月球从外壳到核的内部结构，同时也可以进一步了解月球的起源和演化历史。目前，GRAIL的基本探测任务已经完成，科学家们正在对获取的数据进行分析，相信不久之后，关于月球内部的更多的谜团将会被解开。见图3-72。

图3-72　GRAIL绕月探测想象图

第四章　月球资源环境

1．月壤中的宝藏——氦-3：人类未来的新能源

2009年，一部名叫《月球》的科幻电影在全世界范围内引起了不小的关注，并荣获当年爱丁堡国际电影节最佳英国影片奖及西雅图国际电影节最佳男主角奖两项大奖。影片讲述了在未来世界，为了遏制地球资源的日益枯竭和环境急剧恶化，一家名为月能工业有限公司的企业应运而生。该公司致力于月球能源的开发，通过采集月壤中的氦-3来满足地球对能源的需求。主人公山姆·贝尔作为公司的唯一职员，被派往月球开采月壤中的氦-3……

虽然本片的主旨是借科幻电影这种类型片来刻画人性的光辉，并获得了巨大的成功，但与此同时，本片所涉及的一系列关于人类发展的问题也引起了人们广泛的思考：人类是否会面临影片所说的"能源危机"？月壤到底是什么？氦-3又是什么？月壤中的氦-3能否解决人类的能源枯竭问题？

1.1　神奇的月壤

1969年6月20日，人类登月第一人——美国宇航员阿姆斯特朗在描述月面行走的感受时说："月球表面物质是粉末状的，可以轻松地用脚尖踢它使之松散，这层物质就像细细的碳粉，附着在靴底和靴帮，我可以清楚地看见自己的脚印。"（见图4-1）阿姆斯特朗描述的月球表面这层细粒粉末

状物质就是月壤。

图4–1　宇航员在月壤中留下的足迹

月壤是覆盖整个月球表面，由岩石碎屑、矿物颗粒、玻璃、陨石碎片、粘合集块岩等组成的松散堆积物。月壤的物理性质见表4–1。

各种探测数据表明，几乎整个月球的表面都覆盖着厚度不等的月壤层。月海分布区的月壤厚度平均为3 ~ 5 m，月球高地由于暴露在月球表面的时间较长，历次撞击成坑的溅射物的覆盖使月壤堆积较厚地区平均厚约10~20 m。

表 4–1　月壤的物理性质

性质	数值
体积密度（0~15cm深度）	1.50 ± 0.05 g/cm^3
体积密度（0~30cm深度）	1.58 ± 0.05 g/cm^3
体积密度（30~60cm深度）	1.74 ± 0.05 g/cm^3
孔隙度	39%~44%
平均粒度（变化范围）	40~82 μm
（众数）	45~100 μm
分选（标准偏差）	1.0~3.73

地球土壤是机械作用、化学作用和生物作用的综合产物，而月壤（包括岩石角砾）则是在氧气、水、风和生命活动都不存在的情况下，主要受机械作用的产物。陨石和微陨石的频繁撞击，撞击溅射物的不断堆积，宇宙射线和太阳风的轰击，以及剧烈的温差促使月表岩石热胀冷缩破碎，这些机械作用最终形成月壤。月壤的粒度分布很广，但绝大多数是颗粒直径小于1 mm，含有大量撞击形成的熔融玻璃物质。

月壤的化学成分、岩石类型和矿物组成非常复杂，含有丰富的钛铁矿、克里普岩（一种富含稀土元素和磷的岩石）、超微金属铁等资源，但引起科学家们特别关注的是月壤中丰富的氦-3。那么氦-3是什么？有什么重大用途吗？为什么引起科学家的广泛关注？这些氦-3又来自何方？

1.2 氦-3是什么

氦-3（^3He）是氦元素的一种稳定性同位素，但是在地球上含量甚为稀少，氦元素更为常见的稳定性同位素是氦-4（^4He）。氦-3原子结构较为简单，含有两个质子、一个中子和两个电子，而氦-4比氦-3多一个中子。见图4-2。

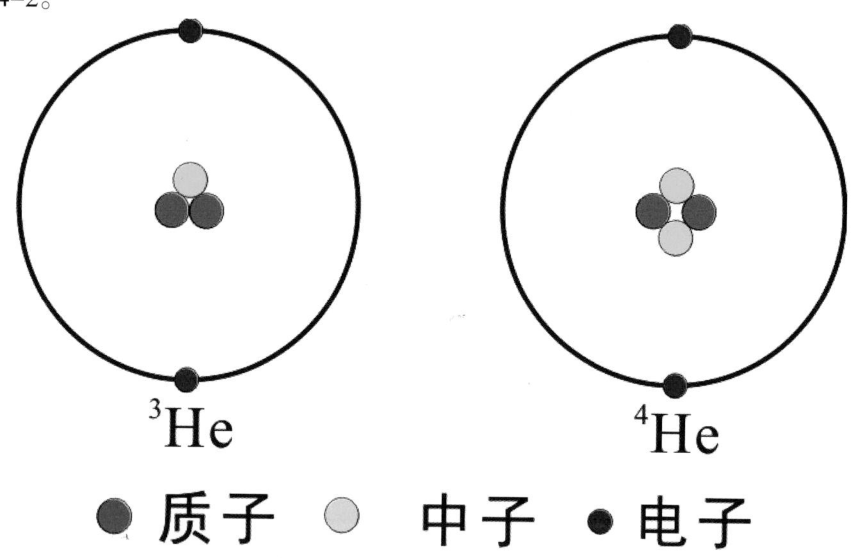

图 4-2　氦-3和氦-4原子结构示意图

氦-3有着许多有趣的特点，液氦可以产生奇特的膜移动现象。根据稀释制冷理论，当氦-3和氦-4以一定的比例相混合后，温度可以降低到无限接近绝对零度。液态氦-3在温度下降至2.18K（约-271 ℃）时，会出现“超流”现象，黏度极小，成为一种超流体，能沿容器壁向上流动，热传导性为铜的800倍，成为导热性能极佳的热导体，其比热容、表面张力、压缩性都是反常的。

1.3　未来能源，氦-3大有可为

当然，当前氦-3最被科学家重视的原因还是在于其作为优良核反应原料的潜力。氦-3可以和氢的同位素氘（D）发生核聚变反应产生能量，简称氘—氦反应。此反应的方程式如下：

$$D + {}^{3}He \longrightarrow p\,(14.7MeV) + {}^{4}He\,(3.7MeV) + 18.4\ MeV$$

一个氘原子（D）和一个氦-3（^{3}He）原子发生反应，释放出一个电子（p）和一个氦-4原子，同时反应存在质量亏损，即反应产物的质量小于反应原料的质量，而亏损的质量将转化为巨大的能量（18 400百万电子伏特）。据计算，1 kg的氦-3和0.67 kg的氘发生核反应，将产生相当于一个一百万瓦发电厂19年发电量的能量，可见此反应用于核发电的效率之高。

与一般的核聚变反应氘—氚（D-T）不同，氦-3在聚变过程中不产生中子，所以放射性小，而且反应过程易于控制，既环保又安全。但是地球上氦-3的储量总共不超过几百千克，难以浓缩、提取和满足人类的需要。科学家发现，虽然地球上氦-3的储量非常少，但是在月球上，它的储量却是非常可观的。据保守而初步的估算，月壤中氦-3的资源总量为100万~500万吨。粗略地计算一下，就可知道这几百万吨氦-3的真正价值。例如，建设一个500 MW的D-^{3}He核聚变发电站，每年只需消耗50 kg氦-3。1987年美国的发电总量若用D-^{3}He核聚变反应发电，每年仅需消耗25 t氦-3。1992年中国若用D-^{3}He核聚变反应发电，每年仅需消耗约8 t氦-3。月壤中氦-3的开发利用，将为人类提供一种可长期使用、清洁、安全和高效的核聚变发电的燃料，为解决人类目前所面临的能源危机提供一种可能。

1.4 储量丰富的月球氦-3

氦-3最初是在太阳上由于热核反应形成，然后借太阳风撒向四面八方，只有很少量能到达地球和别的行星。因为地球大气层和磁场的阻碍，它们很难落在地球表面。地球氦-3的储量非常少，总共不超过几百千克，且大部分是生产核武时的副产品，难以满足人类的需求，所以地球氦-3作为新型能源的可行性并不大。然而月球几乎没有大气层和磁场，太阳风所携带的微粒便能顺顺当当地落在月球上，“陷进”月面浮土里。

氦-3含量主要受制于两个过程：太阳风粒子注入氦-3以及月壤的脱气作用。如果月球表面没有对太阳风粒子的注入达到饱和，则氦-3含量取决于月表的太阳风。同时，氦-3含量受制于月壤吸附与保持氦-3的能力，即月壤的脱气作用，这一因素与月壤的结构和化学成分有关。

由于太阳风是月壤中氦-3的唯一来源，它的强度表现出全月球纬度向的变化，与太阳风射线成一角度的月表面就要受到较少的太阳风粒子照射。而当月球进入地球磁尾并偏转太阳风时，月球正面比月球背面接受的太阳风要少一些。这些因素都使得月壤中氦-3含量随经纬度而发生变化。

影响氦-3含量的第二个因素是月表土壤的成熟度，即月表土壤在空间环境中暴露了多长的时间。在太阳风空间环境中，月表土壤粒子的粒度减小，胶合能力加强，使得月表土壤氦-3含量增加。

第三个因素是TiO_2含量。月球土壤中不同成分（如钛铁矿、橄榄石、辉石、斜长石等）的同一大小粒子含有氦-3的量是不同的，其中钛铁矿所含氦-3要高出10~100 倍。由于大多数TiO_2是在钛铁矿中，TiO_2含量作为钛铁矿的一个示踪物，成为氦-3含量的一个特征指数。

我国探月工程的一项重要计划，是测量月壤全球的厚度分布情况，这是国外探月卫星从未涉足的。由于月壤中氦-3的含量比较稳定，所以我们只需要测得月壤中氦-3的密度，求得分布有氦-3的月壤厚度，就能基本估算出氦-3的含量。

我国于2007年10月24日成功发射的第一颗探月卫星“嫦娥一号”上，

就搭载了世界上第一台月球四通道微波辐射计，用于测量整个月球表面的微波辐射特性。复旦大学金亚秋教授所带领的团队，利用2007年11月至2008年2月之间“嫦娥一号”观测的辐射亮温数据，在前期反演的全月球月壤厚度结果的基础上，绘制了全月氦–3含量分布图（见图4–3），并估算出月球月壤层氦–3总含量约为6.6×10^8 kg，其中月球正面3.7×10^8 kg，月球背面2.9×10^8 kg。月球海量的氦–3储量将足够人类用来发电至少上千年。况且，太阳风还会不断送来氦–3，所以其储量只会有增无减，这再一次让寻找新能源的科学家们看到了新的希望。

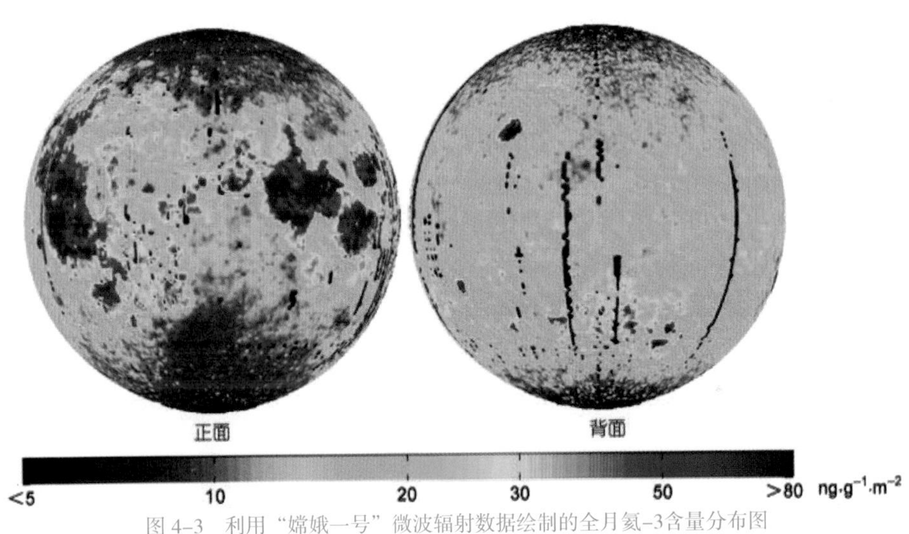

图 4–3　利用“嫦娥一号”微波辐射数据绘制的全月氦–3含量分布图

2．月岩中的有用矿物：巨大的资源宝库

21世纪的前30年将是月球探测的又一个高潮，和第一次探月高峰期（1958—1976年）以争夺空间霸权、建立政治威信不同，第二次探月高潮显得格外理性。1989年7月20日，时任美国总统乔治·赫伯特·沃克·布什（1989—1993任美国第41届总统）宣布：“在即将到来的十年里，我们努

力的目标是自由号太空船；然后，在新的世纪，我们要重返月球，重返未来，而且这次要常驻下去。”而“常驻下去”，就要在月球上建立月球基地。虽然新一届美国政府改变了先前提出的“重返月球”计划，把目光瞄准了更远的火星，但是现在的国际趋势是，一些深空探测大国都把建立月球基地作为未来深空探测的目标，我国建立月球基地的计划也早早进入了论证阶段。

而要建立长久的月球基地，基地的能量与物资的供给应该是首先需要保障的。能量的问题，氦-3可以基本解决，而基地需要的氧气、矿产资源等，则是个亟须解决的问题。从地球运输显然是不切合实际的，不仅耗资巨大，运输时间也是个问题，实时性差，所以最好是月球资源的就地开发与利用，那么月球自身的资源能提供这些吗？正当科学家们考虑这个问题的时候，月球富含的钛铁矿与克里普岩走进了人们的视野。

2.1 钛铁矿与月球基地的供氧

“阿波罗”6次和“月球”号探测器3次带回的月球样品的分析结果表明，月球岩石中含有丰度较高的钛铁矿，尤其是月海的玄武岩中。这个分析结果也从后来的“克莱门汀”和“月球勘探者”的遥感探测数据中得到了证实。若假设月海玄武岩中的钛铁含量为8%，那么月海玄武岩中钛铁矿的总量将达到$1.3 \times 10^{15} \sim 1.9 \times 10^{15}$ t。这么巨大的资源储量，无疑将成为未来月球基地的重要支撑资源。

【小知识：钛铁矿】

钛铁矿（见图4–4）是一种氧化物矿物，化学式为$FeTiO_3$，呈钢灰色至铁黑色，具有金属或者半金属光泽，密度较大，具有弱磁性。钛铁矿是提炼钛和二氧化钛的主要矿物，纯钛和钛合金是新型的结构材料，在航天工业和航海工业中应用巨大；而二氧化钛，俗称“钛白”，是一种优良的白色涂料，另外在光触媒、化妆品等工业领域也应用广泛。我国四川攀枝花地区有丰富的钒钛铁矿，储量约15亿吨。

图4–4　钛铁矿

而对于月球基地来说，钛铁矿所能提供的还不仅仅是这些，还有远比这些矿产资源重要的宝藏，那就是——氧气！

氧气无论对于生物还是机械都是非常重要的能量来源，对于月球基地更是如此，最重要的是宇航员的生命活动需要氧气的供给，同时，航天器也需要氧气作为重要燃料。研究表明，现阶段发射的大约85%的航天器都是用氧气作为燃料的。而月球丰富的钛铁矿资源正好可以提供月球基地活动所需的氧气。那么，氧气怎么从这些钛铁矿“石头”里面提取出来呢？

讨论得比较多的有两种方式：氢还原反应和碳热还原反应。氢还原反应就是利用氢气作为还原剂，将钛铁矿（$FeTiO_3$）还原，生成氧气、铁和二氧化钛。碳热还原反应就是利用一氧化碳（CO）作为还原剂，将钛铁矿（$FeTiO_3$）还原，生成氧气、铁和二氧化钛。这些制氧反应，除了生成氧气之外，还生成了铁、氧化钛这两种副产物。这两种副产物在月球工业中也将发挥极大的作用，所以月球丰富的钛铁矿储量将为月球基地的长期可持续发展提供重要的支撑。

2.2 克里普岩与稀土元素、钍、铀等资源

克里普岩是月球高地三大岩石类型（其他两种为斜长岩和富含镁的结晶岩）之一，这个名称是英文缩写“KREEP”的音译，因富含钾元素（K）、稀土元素（REE）和磷元素（P）而得名。克里普岩最早在“阿波罗”12号采集的样品中发现，后来在其他月球样品中都发现有克里普岩碎片，其中“阿波罗”12号和14号的样品中最多，实际上克里普岩在月球上分布很广泛。见图4-5。

克里普岩主要矿物成分有长石、辉石、SiO_2矿物和不透明矿物，不含或含极其微量的橄榄石，这一点和月海玄武岩很相似，与月海玄武岩不同的是克里普岩中的钾元素（K）、磷元素（P）、稀土元素（REE）、钍元素（Th）及铀元素（U）的含量颇丰。而这些元素在地球上都有广泛的用途。

图 4-5　Apollo 12 克里普岩月球样品

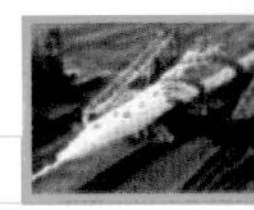

【小知识：稀土元素】

是元素周期表第Ⅲ族副族元素钪、钇和镧系元素共17种化学元素的合称。稀土一词是历史遗留下来的名称，“稀土”中的“土”字实际上指的是氧化物。这些元素被发现时人们以为它们在地球上分布非常稀少，因而得名为稀土。实际上这一称谓在国际上存在争议，因为这些元素在地壳内的含量相当高，最高的铈是地壳中第二十五位丰富的元素，比铅还要高。而最低的“稀土元素”镥在地壳中的含量比金甚至还要高出200倍。因此，一些国际组织，如国际纯粹与应用化学联合会，现在已经废弃了“稀土金属”这个称呼。

无论是在传统产业领域，还是高新技术产业领域，稀土元素都有广泛的用途，已被广泛应用于国防工业、冶金、机械、石油、化工、玻璃、陶瓷、纺织、皮革、农牧养殖等各传统领域，在社会生活中几乎随处可见。如对农作物施用适量的稀土，可以使农作物增强抗旱、抗涝和抗倒伏能力；作为改性添加元素在钢铁和有色金属中加入极少量稀土就能明显改善金属材料性能，提高钢材的强度、耐磨性和抗腐蚀性能力。

钍（音tǔ）是原子序数为90的元素，其元素符号为Th，属锕系元素，具有放射性。金属钍呈银白色，属天然放射性元素，在空气中表面生成氧化膜而色泽变暗，除惰性气体外，所有非金属元素可与钍生成化合物，许多钍的金属互化物（如与铜、银、金）很易自燃。钍元素以化合物的形式存在于矿物内（例如独居石和钍石），通常与稀土金属共生。

钍的用途包括能源用途和非能源用途。在非能源领域，钍用于制作合金、催化剂、高温陶瓷材料、光电管、电子管、特殊焊条以及吸气剂等；钍还是制造高级透镜的常用原料。在冶金工业中，镁钍合金在温度超过200 ℃时仍有很高的机械强度，用于飞机和火箭制造。钍铝合金除可增大延展性外，还能耐海水的侵蚀。在铁、钴、铜、银、铂、金、钨等金属中加入钍，可使合金获得良好的结构和耐热性。氧化钍用来做耐火材料及研磨物质的组成部分。新钍能发现钢铁中的裂隙，同时它具有高度极化性，可用来清除积聚在机械上的静电。钍的强烈的α射线可用于医学。在能源

领域，钍经过中子轰击可转化为原子燃料铀233，因此它是潜在的核燃料。20世纪40年代，美、欧等发达国家开始对钍资源核能利用展开大量的研究开发工作，并在各种实验堆和动力堆中予以应用，日本则始终把钍资源核能利用列为潜在的能源之一，印度已建立了比较完整的钍循环研发体系，德国是钍燃料的积极推动者，其开发的高温堆都是基于钍燃料循环。我国钍核能利用研究始于20世纪60年代。

铀（音yóu）是元素周期表中锕系的金属元素，呈银白色，原子序数为92，元素符号是U。铀原子有92个质子和92个电子，其中6个是价电子。它的中子数目介于141～146个之间，共有6种同位素，最普遍存在的是铀–238（146个中子）及铀–235（143个中子）。所有铀同位素皆不稳定，具有微弱放射性。在自然界中，金属铀常存在于一些土壤、岩石和水体中，但是含量很低，一般就百万分之几。在工业上，铀一般是从铀生矿物里面提取出来的，比如沥青铀矿。金属铀受氧化会在表面形成一层黑色氧化物，见图4–6。

图 4–6　金属铀，受氧化而覆盖一层黑色氧化物

铀的大规模应用最开始是因为军事的需求，在军事上，铀元素主要用于制造贫铀弹。贫铀弹是弹芯用贫铀合金制成的炮弹或炸弹。所谓贫铀是从金属铀中提炼出核材料铀－235以后得到的副产品，其主要成分是不具放射性的铀－238，故称贫化铀，简称贫铀。它的密度为18.7 g／cm^3，是钢密度的2.8倍。由于贫铀密度大，制成相同体积的弹丸时质量大，所以在同等火药的情况下，质量大的贫铀弹获得的动能会更大，弹丸的穿透力也越大，可以轻易穿透装甲坦克。美国及其联军就曾在波斯湾和巴尔干地区使用过大量的贫铀弹，摧毁了对方大量装甲坦克。然而由于贫铀弹对人体健康和生态环境的严重损坏，贫铀弹的使用在国际上引起了巨大的争议。在民用方面，铀元素主要用于核电站燃

料。据计算，1kg的铀-235可以产生8×10^{13} J的能量，相当于3 000 t煤燃烧放出的能量。另外，铀元素在玻璃、陶瓷等传统产业也有大规模的应用。

在我国首次月球探测过程中，一个重要的科学目标就是探测月球主要化学元素与物质成分的含量。为此，“嫦娥一号”搭载了伽马射线谱仪、X射线谱仪和国际月球探测历史中首次使用的干涉成像光谱仪。利用“嫦娥一号”搭载的伽马射线谱仪，我国科学家完成了月球U、K和Th等元素的含量分布图的编制（见图4-7）。

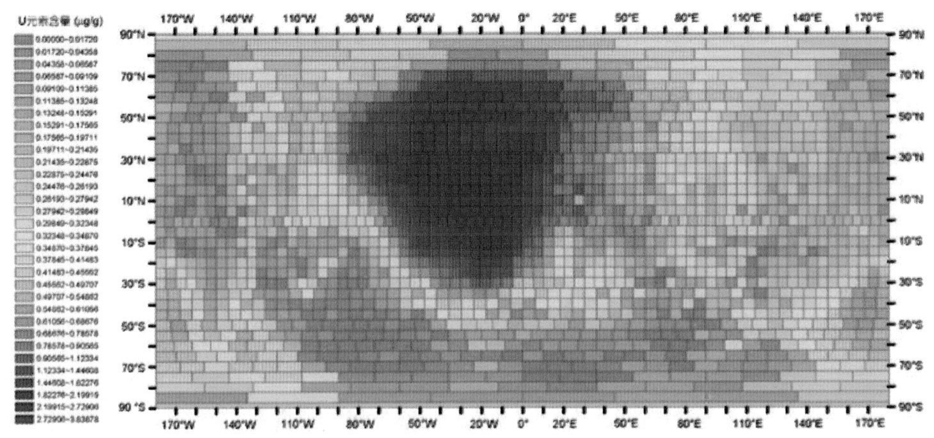

图4-7　“嫦娥一号”伽马射线谱仪获取的月球U元素含量分布图

虽然目前还无法估算出全月克里普岩的总体积，但是总的来说月球的克里普岩总量还是相当巨大的。仅就风暴洋地区来说，科学家估计该区域克里普岩体积约为2.2×10^{8} km^{3}，而稀土元素的资源量将达到2.25×10^{14}~4.5×10^{14} kg。所以克里普岩中所蕴藏的丰富的稀土元素及放射性元素钍、铀是人类未来开发利用月球资源的重要矿产资源，为未来月球资源开发与利用提供了广阔的探测与研究前景。

3．月球环境与利用

3.1 月球真空环境

科学探测表明，月球大气非常稀薄。在夜间，宁静的月球大气密度大约为2×10^5个分子/cm^3，而在白天则降到了10^4个分子/cm^3，这个密度大约比地球大气小14个数量级。所以，一般我们认为月球几乎没有大气层，处于超高真空状态。而月球表面的理想真空状态对于很多科学实验、工业生产具有诱人的应用前景。

那么，真空到底是什么呢？真空又有什么用途呢？

就像其字面意思一样，真空就是不存在任何物质的空间状态，这是我们对真空的一般理解。实际上，从科学上来讲，不存在没有任何物质的空间，真空其实是相对大气来说的一个物理概念。

我们知道，大气是一种无色无味，看不见、摸不着的气体。虽然大气没有一些实际物体那么具体，但是大气确实客观存在着，且占据着一定的空间和重量。我们可以通过一些现象感受到大气的存在。比如，我们吹气球，为什么气球会鼓起来呢？这就是因为大气占据了气球里面的空间。如果我们用很精密的仪器来测量气球的重量，就会发现，鼓了的气球比之前的气球重了。这说明大气不仅占据着一定的空间，还有一定的重量。实验证明，每升大气大约有1 g多重。

在衡量大气压时，标准大气压是个常用的概念。地球上各处的大气压强是各不相同的，随着地势高低以及地理纬度、温度、湿度不同而呈现很大的变化与波动，这样就有必要定义一个标准大气压。标准大气压，是指在标准大气条件下海平面的气压，其值为101.325kPa，是压强的单位。关于大气压还有很多比较有趣的故事，比如马德堡半球实验和托里拆利实验，有兴趣的读者可以阅读相关书籍。

“真空”这个概念就是相对于标准大气压来定义的。在真空科学中，我们把“低于一个标准大气压力的气体状态”叫作真空。所以，把真空认

为是什么物质也不存在，即所谓的“绝对真空”是不科学的。同测量大气压强一样，我们也用真空气体状态的压强来衡量真空的大小。按照真空压强的大小，我们一般把真空划分为以下几个种类：低真空（$10^5 \sim 10^2$ Pa）、中低真空（$10^2 \sim 10^{-1}$ Pa）、高真空（$10^{-1} \sim 10^{-5}$ Pa）、超高真空（$<10^{-5}$Pa）。

据科学家估计，月球表面的大气压强非常低，大约为$10^{-10} \sim 10^{-8}$ Pa，属于超高真空。制造这种真空状态在当今科技迅猛发展的今天仍然属于尖端科技，制作成本很高，然而在月球上这种超高真空状态很容易获得。这无疑引起了科学家们广泛的兴趣，甚至有科学家列出了庞杂的需要在月球基地内研制的特种材料的清单。那么，月球表面的超高真空状态又有什么用途呢?

在超高真空状态下，分子密度极低，与容器壁的碰撞次数极少，这种空间状态在可控热核聚变的研究、时间基准氢分子镜的制作、表面物理表面化学的研究、大型同步质子加速器的运转、宇宙空间环境的模拟等高新技术方面具有广阔的应用前景。

值得一提的是，月球表面几乎完美的真空条件也使得月基望远镜成为一种理想的天文观测手段。所谓月基望远镜，是指整个望远镜观测系统安置在月球表面。由于月球上没有大气，因而没有风，也不会有大气对光的吸收、反射与散射。这样一来，月球上的光学望远镜将不受气流运动、大气污染的影响，且月球上的天文观测设备可以接收来自宇宙太空的全波段信息，包括在地球上因被大气层吸收而无法接收的宇宙电波，如紫外波段信息。同时，月球地质构造极其稳定，为天文望远镜提供了一个巨大、稳定而又极为坚固的观测平台，因而可以采用结构简单、造价低廉的安装、指向和跟踪系统，并能够特别满足天文学需要的精确观测，这一点是处于失重状态的天文卫星所望尘莫及的。此外，月球自转速度很慢，以至月球上的一昼夜约等于地球的一个月，这样我们可以在月球上长时间地精确观测远距离或模糊的目标。而我们在前面提到，月球的自转周期恰好等于它的公转周期，因此它总是用一面正对着地球，在这一面建立对地观察站，将可以持续地对地球的地质构造及环境变化进行监测与研究，特别是对近

地空间及深空小天体对地球可能的撞击威胁进行监测。图4-8为月球望远镜想象图。

图4-8　月球望远镜想象图

月球表面真空环境这一宝贵资源，进一步激发了人类探测月球，在月球建立科学实验新基地的热情。

3.2　月表温度变化

由于月球表面几乎没有大气层和大气活动，没有大气的热传导，所以月球表面白天和夜晚的温差很大，白昼的温度为130~150 ℃，而太阳不能照射的永久阴影区和夜晚期间的表面温度则会降低到-180~-160 ℃。虽然最近几年，全国各地的夏天屡破历史高温纪录，但是与月球表面温度相比，地球表面温度的确是太“凉爽”了，而月球表面的低温环境也比地球极端很多，即便是在气候环境最恶劣的南极腹地， 最低的气温纪录也才为－89.6 ℃——这是1983年7月在新西兰南极观测站“万达”记录到的。在这样的低温环境下，普通的钢铁会变得像玻璃一样脆弱，而如果把一杯水泼向空中，落下来的会是一片冰晶。可以想象在月球表面执行任务的月球车和宇航员所经受的巨大考验。

表4-2是根据实际测得的月球表面温度推出的月球表面平均温度。可以看出，因太阳光入射角的因素，极区的平均温度比赤道和典型中纬度区的温度低约35 ℃。

表4-2 月球表面的平均温度

区域	极地撞击坑阴影区	极区	赤道区			典型中纬度区
			正面	背面	两边	
平均温度（℃）	-233	-53	-19	-17	-18	-18

虽然月球表面极热与极冷的环境为月球表面探测提出了严峻的挑战，但是我们也可以变劣势为优势！月球表面巨大的昼夜温差可以为温差发电技术提供便利。温差发电技术是一种新型的发电方式，当两种不同金属（或半导体）连接成一个闭合回路，将它们的接点放到两个温度不同的地方，将发生多种温差电效应，部分热量将转化为电能。在地球上，温差发电技术是一种绿色环保的发电方式，它可以合理利用太阳能、地热能、海洋热能、工业余热等低品位能源转化为电能。如果月表温差发电技术广泛开展起来，不仅能够为月球车、月表探测仪器、月球基地等提供充足的电力资源，大大降低成本，使月球基地持续性发展，还可以通过微波输电、激光输电等技术将电力资源传输到地球，供地球人类使用。这在地球资源日益枯竭的未来显得尤为重要。

3.3 月球弱重力环境

在“阿波罗”计划中，登上月球的宇航员们在月面行走时都像袋鼠一样，一跳一跳地前进。这是因为月球的重力加速度只有地球的1/6，宇航员在月面受到的引力也只有在地球上受到引力的1/6，因而走起路来会感觉轻飘飘的。如果像地球上一样走路，就会掌握不好重心，走路也就走不稳了。后来，宇航员发现两只脚同时跳，反而比一步一步走既安稳又省力，所以就有了前面描述的情景。同样，在月球上跳高也是极为轻松的事情，如果你在地球上能跳过1m，到了月球上，你就能跳6 m，可以轻松地 打破

世界纪录。见图4–9。

图4–9　月面跳跃（想象图）

月球上的弱重力环境会造成这么多有趣的现象，那么如何利用月球的弱重力环境呢？在弱重力环境下，许多地球上无法进行或难以进行的研究与实验可以在月球上开展。例如，可以在月球弱重力环境下对植物的生长速度进行研究；在弱重力环境下进行晶体生长研究；可以在这种特殊环境下进行生命科学与材料科学等研究；特别是一些在地球上无法批量生产的特殊产品如生物医药制品、特种材料等可以在月球上生产。

此外，从月面发射深空探测器或星际载人飞船比从地面发射要容易得多，所需的能量也小得多，因此月球是人类进军深空的天然发射平台，也是一个理想的深空探测中转站。由于月球上存在制备火箭液体推进剂的原料氧和氢，因而未来可以利用月球资源进行火箭推进剂生产。在未来执行载人火星探测任务时，许多关键技术都可以在月球基地进行试验验证，并可在月球基地长期训练航天员，使宇航员逐渐适应长期离开地球的生活，为探测火星乃至更远的星体做准备。

第五章　月球起源

月亮并非自古就有，古代美洲的玛雅人留下了极为发达的文化，可是在他们始于大洪水之前的《编年史》中，人们奇怪地发现，里面竟然没有关于月亮的记载。在距今4000年前左右，亚历山大里亚大图书馆的第一位馆长在他留下的文献中这样写道："古时，地球的天空中看不到月亮。"

《金史·天文志》中也记载了一条十分惊人的资料："太宗天会十一年，五月乙丑，月忽失行而南，顷之复故。"意思是：金太宗天会十一年五月乙丑日（公元1133年6月15日），月亮忽然偏离了其运行轨道，向南而去，不一会儿，又回到原来的轨道上。

月亮到底从何而来，又往何处去？这不单是个科学问题，也是个哲学问题。最早探讨月亮起源问题的当数宗教，后来有了哲学，月亮起源问题便同世界起源问题一样，成为哲学的基本问题；直到近代科学产生以后，月球的起源才成为科学探讨的问题。不过，对月球起源的探讨是包含在对太阳系起源的探讨中的。然而遗憾的是，从最早康德和拉普拉斯探讨太阳系起源开始直到现在，关于月球起源的探讨仍然停留在假说的层面上。当然，在这一过程中，人类对月球起源的认识也在不断地提高和深化。

1．关于太阳系起源的假说

月球只是太阳系中地球的一颗卫星，对月球起源的探讨不可能离开太阳系来进行。简言之，月球是伴随太阳系的产生而产生的。

1.1 康德的星云假说

1755年，德国哲学家康德（I.Kant）在《自然通史和天体理论》一书中，提出了关于太阳系起源的星云假说。康德认为，宇宙中弥漫着微粒状的星云物质，这些原始的星云物质在万有引力作用下相互吸引，较大的微粒吸引较小的微粒，并逐渐聚集加速，最后在弥漫物质团的中心形成巨大的球体，即原始太阳。太阳周围的微粒在向太阳这一引力中心垂直下落时，一部分因受到其他微粒的排斥而改变了方向，便斜着下落，从而绕太阳转动。最初，转动有不同的方向，后来其中一个主导方向占了上风，便形成一扁平的旋转状星云。云状物质后又逐渐聚集成大小不同的团块，这些团块就是后来的太阳系中的各个行星。行星在引力和斥力共同作用下绕太阳旋转。

康德关于太阳系是由宇宙中的微粒在万有引力作用下逐渐形成的基本观点得到当时大多数天文学家的认同，因为它能说明行星的运行轨道具有的共面性、近圆性、同向性等特点。但康德假说也存在一些问题和不足，例如它解释不了太阳系的角动量来源，并且在当时也难以得到经验材料的支持。

1.2 拉普拉斯的星云假说

四十一年后的1796年，法国数学家、天文学家拉普拉斯（Pierre Simon Laplace）也提出了相似的关于太阳系起源的星云假说。与康德的星云假说不同之处在于，拉普拉斯认为太阳系是由一个灼热的气体星云冷却收缩而成的。原始的、呈球状的灼热星云缓慢地自转着，其直径比今天太阳系直径大得多。后来，由于冷却而收缩，其自转速度逐渐变快。同时因赤道附近的离心力最大，故星云逐渐变扁。一旦赤道边缘的离心力大于星云对它的吸引力，赤道边缘的气体物质便分离出来，形成一个旋转的气环。由于星云继续冷却收缩，上述过程重复发生，又形成另一个旋转的气环，最终形成了与行星数相等的气环（称拉普拉斯环）。星云的中心部分最后形成太阳，各环在绕太阳旋转的过程中逐渐聚集形成行星。行星也同样发生上

述作用过程，形成卫星。土星的光环可能就是由尚未聚集成卫星的许多质点构成的。拉普拉斯假说同样能解释行星运行轨道的各项特点，以及组成太阳、行星和卫星的元素一致性，也能解释太阳系角动量的由来，但解释不了角动量分配的特点。

图5–1　太阳系起源的星云假说

1.3　现代星云假说

无论是康德的星云假说，还是拉普拉斯的星云假说，都无法解释太阳系角动量的来源和分配问题，并且，现代科学研究发现，宇宙中许多星云的温度其实并不高。这样收缩的原因就不可能是因为冷却，而是由吸引力引起的。星云在收缩过程中，温度不是降低而是升高。随着现代物理学尤其是天体物理学的发展，恒星理论被建立起来，在此基础上产生的现代星云假说逐步取代康德和拉普拉斯的星云假说，占据了主导地位。现代星云假说根据观测资料和理论计算得出结论：太阳系原始星云是宇宙中庞大星云系中非常微小的一部分，这部分星云物质一开始就在自转，并且在自身引力作用下收缩。收缩的结果是在星云物质的中心部分形成太阳，外围部分先演化成星云盘，然后形成行星。从内容上看，虽然现代星云假说同康德和拉普拉斯的星云假说存在差异，但本质上并没有超出康德—拉普拉斯的星云假说，因为现代星云假说仍然肯定太阳系是由原始的星云物质演化而来，只不过在演化的方式上有所不同，此外，多了一些观测数据的支持。

2. 关于月球起源的假说

太阳系起源的假说解释的是整个太阳系的起源，但是在太阳系形成的过程中，每一个天体也都有它产生和演化的具体过程。科学上对月亮起源的解释始于18世纪初，到现在为止，关于月球起源的解释也多种多样。归纳起来主要有四大假说：同源说、分裂说、捕获说、大碰撞说。

2.1 同源说

同源说的基本观点是，月球和地球是同一时间由一个宇宙尘埃团组合而成的，所以月球和地球具有同源性。

同源说最早是由18世纪法国天文学家布丰提出的。他认为月球和地球具有相同的起源，就像行星是原始太阳星云收缩时甩出的物质发展演化而形成的一样，卫星则是行星在收缩凝聚时甩出的物质组成的。在原始太阳星云内，温度和化学成分取决于与太阳的距离。太阳系的各个行星是在星云中不同的区域，由不同化学成分的星云物质凝聚而成的。月球与地球在太阳星云中相距较近，形成过程也相似，因此，月球和地球是同源的。见图5–2。

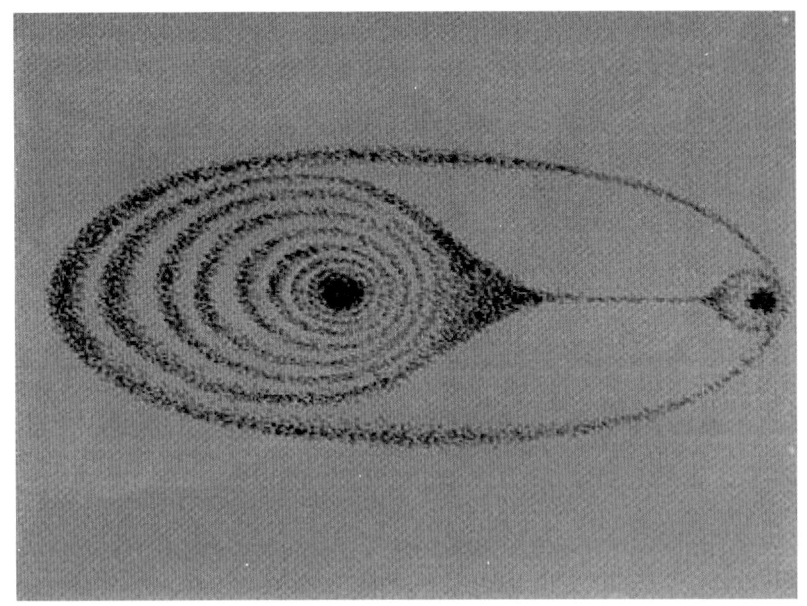

图5-2　同源说

但是同源说也存在一些明显的缺陷。首先，同源说必须为这一假说提供这样一个前提，即作为同源的月球和地球，在物质成分和构造上也应该是一样的。但是从对月球上取回样品的分析结果表明，月球的物质构成与地球相去甚远。在月表的岩石中，至少发现有6种矿物质是地球上没有的；其次，它无法解释为什么“同源”的地球和月球在物质的密度上存在明显差异，地球物质的平均密度是5.52 g/cm^3，而月球物质仅为3.34 g/cm^3；同时它也无法解释既然都是太阳系行星的卫星，为什么月球与地球的质量比是1∶81，而其他卫星与中心星的质量比还不足1∶1 000。

对于地球与月球成分上的差异，同源说解释为，原始星云在形成行星时，开始是凝聚、吸积并形成以铁为主要成分的行星核。金属核进一步增长之后，星云中残留的非金属物质才凝聚，月球就是地球形成后剩下的残余物质所组成的。同源说力图合理解释地球与月球成分差异以及月球的核、幔与壳的组成，但其解释模式与太阳星云的凝聚过程和地月系的运动特征也不尽相符。

2.2 分裂说

19世纪中叶，进化论创始人达尔文的儿子乔治·达尔文提出了“月球是从地球上分裂出去”的分裂说（见图5–3）。他的根据是，月球的平均密度仅相当于地球浅部的密度，所以月球是在地球的一次重大变动中飞离出去的。月球飞出后造成地球表面一个巨大凹陷，就是现在的太平洋。分裂说虽然回答了地球、月球的密度差异问题，但仍然无法解释地球、月球物质组成的显著差别。

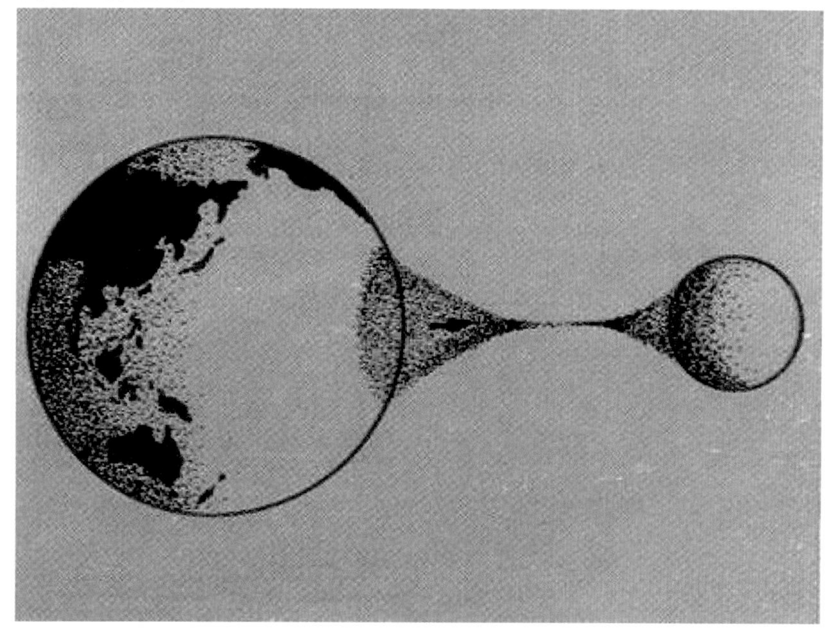

图5–3 月球分裂说

按照地球分裂假说，月球应该在时间上晚于地球，至多在时间上同地球是一样的。但是，根据对月球上带回的样本分析，月球上岩石的年龄至少在50亿年以上，甚至和宇宙同龄。而地球只有46亿年的历史，太阳系中最早的太阳也只有50亿年的历史，因此月球是从地球分裂出去的假说是不能成立的，就像我们不能说一个比其母亲年龄还要大的人是其母亲的亲儿子一样。

2.3　捕获说

瑞典天文学家阿尔文提出了捕获说。他认为月球与地球是在不同处、由不同的星云物质演化而成的。一次偶然的机会，月球运行到地球附近，被地球的强大引力所捕获，后来就变成了地球的卫星。因为捕获说主张地、月有不同的起源，这样就能轻而易举地解决二者物质组成上的差异问题，同时也完全颠覆了月球同地球是同一区域的同样星云所组成的学说。见图5–4。

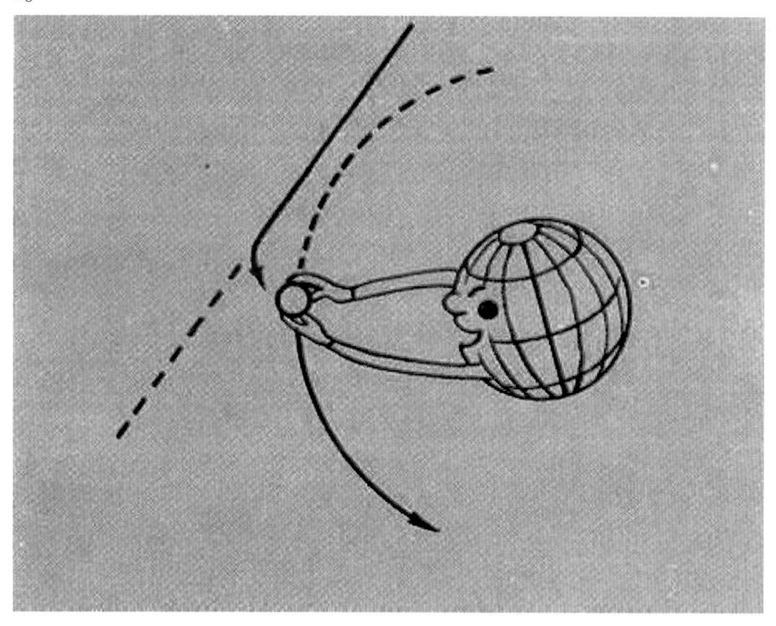

图5–4　月球捕获说

阿尔文据此推断，月球曾经是一个独立的行星，月球被地球捕获时，与地球的距离大约为26个地球半径，与地球平面的交角为149°。月球被地球捕获时，产生很强的重力场，使月球表面的岩石破碎。这些破碎的岩石进入月球运行的轨道空间，大部分碎片物质又返回月球，撞击月球，在月表产生大量的月海盆地。这在月球演化史上，也被称之为开凿月海事件或雨海事件。这些事件的发生，也被认为是捕获说的重要证据。

科学家们通过地月轨道的精细计算及激光测距的数据，发现现今月球的轨道离地球愈来愈远，每年后退约3.8 cm。这表明，月球也许终究会离地球而去。因为按照捕获说的观点，月球原本就不属于地球，只是由于偶然的原因被地球捕获了而已，所以终有一天，月球还是会逃离地球而重获自由之身。

但捕获说同样具有明显的缺陷。首先，月球的直径是地球的1/4，有3 476 km。以地球的质量和相应的引力，要在384 400 km以外的轨道上抓住月球，实在是力不从心。其次，在太阳系中，太阳对月球的引力要远远超过地球，从引力的角度来看，月球被太阳抓过去的可能性要远远大于地球，从宇宙其他地方来到太阳系的月球没有被太阳吸引去，反被地球吸引了过来，这在逻辑上是讲不通的。此外，在太阳系中，还有一颗巨大的行星——木星。木星的质量比地球大得多，相应地，其引力也大得多。一般而言，来自太阳系以外的其他天体一旦进入太阳系，它们首先就会被这个大块头的木星给吸引过去，因而在太阳系中，由于木星对太阳系以外天体的作用，它事实上起到了保护地球不受地外天体撞击的作用。而月球为何能逃脱木星的吸引，投向地球的怀抱，这一点在理论上也很难讲通。

2.4大碰撞说

大碰撞说则是由美国天文学家哈特曼和戴维斯于1974年共同提出的，20世纪80年代以后又有很多科学家对这一假说做了补充。见图5-5。

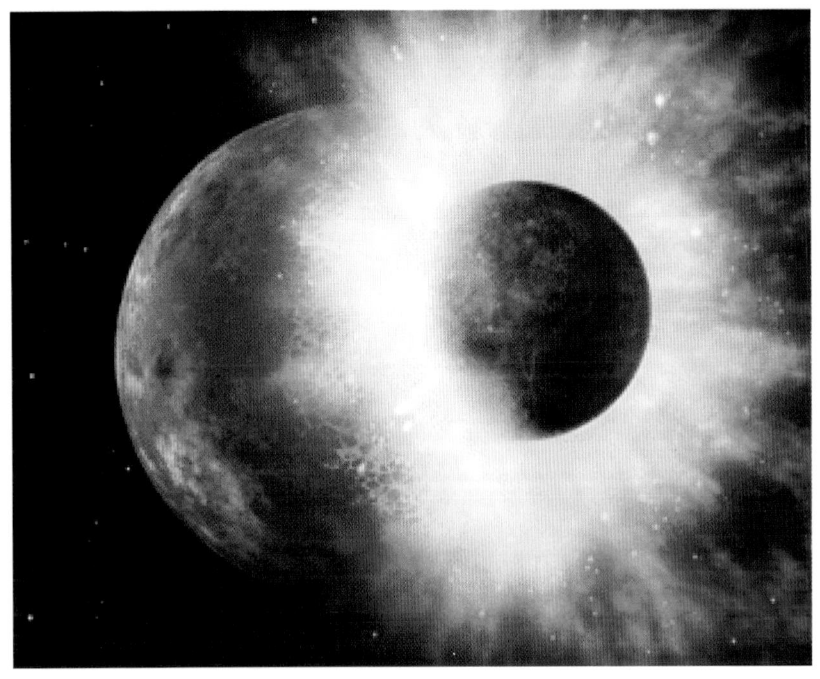

图5-5　月球大碰撞说

大碰撞说认为，在太阳系演化的早期，行星际空间形成了大量星子，星子互相碰撞、吸积而长大。在现在地球、月球所在的空间，星子合并形成一个原始地球和一个火星般大小的天体。地球被一颗火星大小的星体碰撞后，地球的地壳和地幔受热“蒸发”，碰撞形成的膨胀气体以极大的速度携带大量粉碎了的尘埃飞离地球。飞离地球的尘埃和气体没有完全脱离地球引力的控制，通过互相吸积，最后形成月球。大碰撞说得到了一系列地球化学、地球物理证据的支持，成为目前最具说服力的月球起源假说。

大碰撞说可以合理解释地月成分的不同：月球的大部分组成成分都来自撞击前的天体，而并不是原生的地球。同时它也合理地解释了地月系统的基本特征，如地球自转轴的倾斜与自转加速、月球轨道与地球赤道面的不一致等事实，因此大碰撞说获得了大多数学者的支持。2006年，欧洲宇航局的绕月航天器“Smart-1”完成了对月球表面化学成分的测定，测定结果显示月球表面含有包括钙和镁在内的一些化学元素，这次发现为月球起

源的大碰撞说提供了有力证据。

但是大碰撞说仍然不是很完善，例如对陨石的研究显示内太阳系的其他天体，如火星、灶神星等，其氧和钨的同位素成分和地球不同，而地球和月球却具有非常相似的同位素成分。

3．月球的演变与发展

月球的演变包括两个方面：一是月球自身的变化；二是月球与地球关系的变化。

3.1 月球的演化

无论将月球的起源归结为同源说、分裂说、捕获说还是大碰撞说或者其他什么学说，月球都已经实实在在地存在在那儿了，并且从其产生到如今，月球经历了一个漫长的演化历程。科学上一般把这个过程分为五个阶段：月球形成前阶段、月球形成与初始阶段、月球区域熔融与月球高地形成阶段、月海形成与月海泛滥阶段、月球晚期演化阶段。见图5-6。

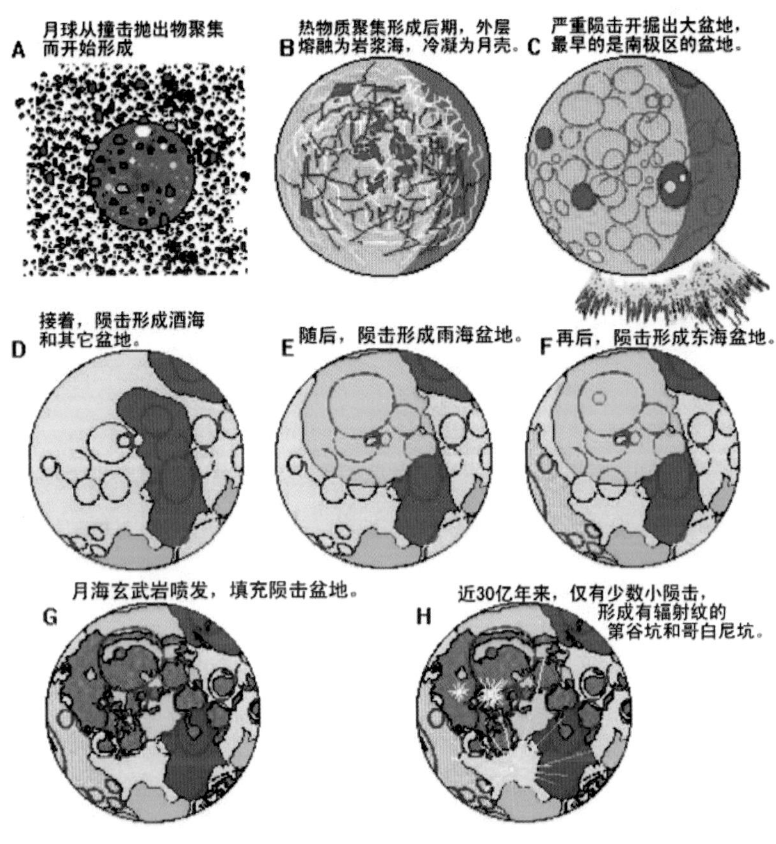

图5-6　月球演化

第一阶段是月球形成前阶段，即月球起源阶段，时间大约距今58亿年至46亿年。这一阶段，月球处于“正在形成而又没有形成”时期，用黑格尔的话讲是“无”，但这个“无”绝对不是“空无所有”，否则月球的形成就变成“无中生有”了。这一阶段的月球就好比是“一朵正在形成而又没有形成的云彩”，说“有”，它又没有形成，说“无”，它又有点“什么”，只是这个“什么”，还一时看不明、说不清而已。这一时期的月球正处于由弥漫在宇宙空间的原始星云物质向月球转化的过程中。

第二阶段是月球形成与初始阶段，时间长约距今46亿年至44亿年。月球形成初期，整个月球的温度非常之高，相当时期都在1 000 ℃以上，发生

过多次局部熔融，甚至形成过全球性的岩浆洋。正因为如此，月球内部物质才可能通过熔融、重力调整，逐渐形成月核、月幔、月壳的结构。

第三阶段是月球区域熔融与月球高地形成阶段，时间大约距今44亿年至40亿年。在此期间，月球产生过一次规模较大的岩浆活动，通过岩浆分离作用，形成了斜长岩高地，即月陆区。斜长岩局部熔融，又产生了富含放射性元素和难熔元素的岩浆活动，岩浆凝结后就形成了非月海玄武岩。斜长岩与非月海玄武岩是月面残存的最古老的岩石。

第四阶段是月海形成与月海泛滥阶段，时间大约距今40亿年至31亿年。 这一时期月球上发生的最重大事件就是雨海事件，所以这一时期也可称为月球演化的雨海纪。雨海纪是月球灾变时期。由于大量小天体猛烈而频繁地撞击月球，在月球表面就开始形成了月海盆地。大约在39亿年至31亿年前，月球产生的第二次大规模火山岩浆活动，导致了月海玄武岩喷发而填充月海。

第五阶段是月球晚期演化阶段，时间大约距今31亿年至现在。这一阶段在月球地质历史中称为艾拉托逊纪与哥白尼纪，是月球相对稳定时期。在过去的31亿年中，虽然小天体的撞击引起的小型火山喷发活动时有发生，潮汐作用诱发的月震活动也仍然活跃，但月球表面形貌已基本定型，月球内部的化学演化处于停滞状态。

3.2 月球的现状与发展

经历了45亿年的演化，如今的月球已成为一个内部能源近于枯竭、内部活动近于停滞的僵死的天体，仅有极其微弱的月震活动。小天体的撞击和巨大的温差是月球表面最主要的地质特征，它使岩石机械碎裂、月壤层增厚、地形缓慢夷平。现今月球的表面是一个无大气、无水、干燥、无声、无生命活动的死寂的世界。

月球从何而来，我们只能以假说来描述它；未来月球往何处去，我们也只能以推测来解释它。

近年来，世界各国的一些科学家和科技工作者经过观测研究，发现月

球正逐渐离我们远去，并且在光度上将越来越暗。科学家们利用1969年美国宇航员登月时放置在月球上的镜子进行测量。结果表明，28年来地球与月球的距离增加了1 m多，同时，科学家们还发现，地球与月球之间的距离由于地球表面上潮汐的摩擦作用每年增加将近4 cm。在月球引力的作用下，地球产生潮汐运动中的一部分能量就分散到地球的海洋里，由于这种能量的失去，月球系统的运动就受到影响，这就是月球逐渐远离地球的原因。

不要以为地球与月亮如此遥远，几厘米的距离几乎可以忽略不计，对地球与月球的关系不会产生影响。要知道在地球史和月球史中，地质事件和月球事件的发生都是以百万年、千万年甚至亿年作为计量单位的，如果几厘米乘以百万年、千万年、亿年，这个数据就大得无法想象。

美国两位地理学家通过对鹦鹉螺化石（见图5-7）的研究，揭示了这一秘密。这两个科学家观察了现存的几种鹦鹉螺化石，发现其贝壳上的波状螺纹具有树木年轮一样的性能，螺纹分许多格，虽宽窄不同，但每格上细小波状生长线在30条左右，与现代农历一个月的天数完全相同。观察发现，鹦鹉螺的波状生长线每天长一条，每月长一格。然后他们又观察了古鹦鹉螺化石，惊奇地发现，古鹦鹉螺的每格生长线数在相同地质年代是固定不变的，而随着化石年代的上溯逐渐减少。现代鹦鹉螺的贝壳上，生长线是30条，新生代渐新世的螺壳上，生长线是26条，中生代白垩纪是22条，侏罗纪是18条，古生代石炭纪是15条，奥陶纪是9条。由此推断，在距今4.2亿年前的古生代奥陶纪时，月亮绕地球一周只用9天。两位地理学家又根据万有引力定律等物理学原理，计算了那时月亮和地球之间的距离。得到结果是，在4亿多年前，月球与地球之间的距离仅为现在的43%。而4亿年后，月球与地球的距离已达到过去的两倍多。这足以证明，月球确实离地球越来越远。

图5-7 鹦鹉螺化石

科学家们还对近3000年来有记录的月食现象进行了计算研究，结果与上述推理完全吻合，证明月亮正在逐渐远去。

3.3 月球对地球及人类的意义

46 亿年以前，月球就开始与地球相依为伴，当时，地球还只是一个“蛮荒”的星球，毫无生命的气息，经过了多少亿年的漫长演变之后，地球才成为太阳系唯一的生命乐园。这其中，月球在地球生命的发生和演化过程中的作用功不可没。月球距离地球38万多公里，这个距离是地球直径的30倍，在这么遥远的距离之下，月亮又是如何对地球产生影响的呢?

在太阳系最初形成时，月球就已经成为地球的卫星，月球绕地球运行的周期为27.3日。月球绕地球运行的轨道是椭圆形的，所以随着轨道的变化，它与地球的距离会有所不同。当月球接近地球时，在月球和太阳的引力共同作用下，地球表面的江河、湖泊和海洋就会出现强烈的潮汐起伏，而其中月球的作用力约为太阳的两倍。如果月球和太阳在月球的新月及满

月时，与地球的位置在同一条直线上，则引力叠加，于是便产生大潮；在半钩月时，作用有部分消失，因而产生小潮。地球的潮汐起伏会对地球的气候和磁场产生影响。这种起伏所引起的巨大摩擦力，会产生出热能，从而使地球温度剧增，导致地心熔化。地球温度的增高，促进了冰雪的消融，有利于生物的生长和繁衍。同时，在地心熔化过程中，地心的岩浆在高温及高牵引力的作用下，出现旋转式的滚动，其结果是产生了磁场。

这个巨大的磁场为地球形成了一个保护盾，减少了来自太空的宇宙射线的侵袭。地球生命的生存和演化，全赖这个磁场的保护。如果没有这个保护盾，外来的辐射线，会将最初出现在地球上的生命萌芽全部杀死。

很早以前，人类就认识到月相变化会影响到地球气候的变化，但由于受到当时科技水平的限制，人们还无法对这一认识作出进一步的证实。近年来卫星遥感技术的广泛应用，特别是卫星获取的全球气象信息，为研究和证实月相对气候的影响提供了可能性。根据卫星资料揭示，月相变化可造成大气底层温度起伏涨落，这种起伏涨落被称为“气候潮”。满月前后，月球被太阳照亮的半球面向地球，日出月落，日落月出，全球日平均温度升至最高；新月（农历初一）前后，月球位于地球和太阳之间，月球背向地球，新月与太阳同升同落，全球日平均温度降至最低。同时，月相与地球上的云雨、雷暴、气压分布，甚至台风活动等，也都有非常紧密的关系。例如满月前后地球雷暴剧增可能是月球干扰了地球磁场所致，因而导致了大量的雷阵雨。此外，月球引发海洋潮汐进而改变大气运行方式，也是影响气候的可能因素。满月时月球的反射作用及其表面红外辐射的增加，也会导致到达地球的太阳能增多，而产生一种增温效果。这些气候的变化在更多时候对地球和地球生物是有利的。

一直以来，人类都认为生命的产生离不开太阳，与月亮无关。这其实是一个误区。

近年来，人们通过研究发现，月球对地球及地球生物产生的有利影响有时候似乎还要大于太阳。在朗朗月光之下，植物生长的速度加快且长得好，月相的变化与植物播种期也有着很大关系。法国学者费雪里经过多

年的研究，发现很多植物对月光非常敏感。他经过多年的观察，提出了种植、收获的最佳“月相种植”表。例如，四季开花的草莓，应避免在满月和新月时栽植、剪枝和采摘；核桃在满月时打下来，不仅油脂最丰富，而且这种油脂也最容易消化吸收；槭树也是对月光敏感的树种，它的果实满月前夕采收，液汁含量要比月亏时采收的含量大。图5-8为月光下的植物。

图5-8　月光下的植物

我国的一些农学家也建议，在从事农业的种植、管理和收获时，除要注意季节、节气之外，还要把月亮的阴晴圆缺作为考虑的因素。最好在新月时播种茄子、蚕豆、洋葱、南瓜、山药、大葱；在上弦月时播种西红柿、四季豆、豌豆、芹菜、菠菜；满月时播种大蒜、黄瓜；而在下弦月后

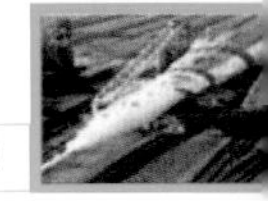

进行黄瓜、西红柿的整枝、翻地和萝卜进窖等农事活动。图5–9为月光下的荷花。

图5–9　月光下的荷花

月光对植物的影响远非这些。如橡树在满月到来前即上弦月后的4天内移栽，生命力特别强；杜鹃花在月光的沐浴下开得稠密；栀子花和茉莉花在较强的月光下香气最浓，所以，如果用这两种花馈赠亲友，最好选择在满月开花的品种。另外，人们还发现，向日葵、玉米、青豆等类作物，当它们的芽长到一定长度时，若得不到月光照射，它们的枝干就会变得细弱，半数枝叶枯死。

此外，新月前采伐的木材不仅质地最坚硬，而且能耐各种气候变化，不易受真菌侵染——所以这种木材也被称为“月相木”，卖价最高。原因

在于冬天当针叶树休息时，树干内微小的电压是随着月相而变化的。也就是说，月球操纵着细胞组织里的细胞液及能量状态，因而可能是在木材细胞壁上聚集的水分，因为受月球运动的节奏影响而在改变木材的状态。

非洲的一些原始部族喜欢在满月时采割棕榈叶来盖房子，因为他们知道，这时的棕榈叶的强度是其他时节采割的棕榈叶的10倍，做房顶比其他时节采割的棕榈叶更不易腐烂。棕榈叶纤维中钙和碳元素的含量是随月相而变化的，所以这一点可以用来解释棕榈叶的强度问题。月光对于植物甚至还有神奇的治疗作用，如树木的木质纤维受到损伤后，太阳光的照射只能使其生成疤痕，而经月光“抚慰”后，伤口可自动愈合，疤痕也会自行消失。有人还做过这样的一个试验，分别在新月前和满月前采摘几个红苹果将其切开。结果发现，在新月前切开的苹果切面很快就会愈合，而满月前切开的苹果，切面很难愈合，且很快就会腐烂。

更为令人不可思议的是，在非洲一些国家的部落里，每逢满月，人们都在月光下“晒”粮食，因为他们认为月光有净化作用，这些被月光晒过的粮食，不仅可以避免发霉和细菌繁殖，甚至可以防止虫咬鼠害。这种奇特的晒粮法，已经引起科学家的浓厚兴趣。他们分析认为，月光中可能含有一种特殊的射线，能杀死粮食中的细菌，但没有弄清为什么晒过的粮食还能防止虫咬鼠害。

月球很早以前就是人类认识自然的工具，直到今天这一功能依然存在。月球周而复始、有规律的盈亏变化，为人类提供了最早的计时工具。时至今日，月份和星期的计算仍旧以朔望月（两次满月之间的时间）为基础。2300年前，古希腊人阿里斯塔克斯通过研究月食证明大地是球形的，并计算出月球的大小以及地月距离，从而推断太阳应该比我们的星球大许多。400年前，意大利人伽利略观察月球上的山脉后，发现构成星体的物质就是我们身边的物质。牛顿则通过将月球绕地运动和苹果坠地现象进行对比发现了万有引力定律。没有月球，我们可能会对宇宙知之甚少！月亮周而复始的阴晴圆缺也会导致人情绪的不同变化：在新月时，人们的情绪最为平静和稳定；残月时分，许多人往往会莫名其妙地显得很消沉

和悲观；而到了满月时，会强化人们喜、怒、哀、乐等情绪反映，喜则大喜，悲则大悲，所以满月时刑事案件会明显增加，精神病人啼哭者也比往常多许多。许多人还发现，在月圆之时，睡眠往往没有其他时候香甜。此外，科研人员通过研究证实，月圆时能促进性激素的分泌。

外科医生也常常遇到这样的问题，在某些月相时期动手术，伤口流血会比较严重。有的牙科医生也发现，在满月的日子给患者拔牙，常常会出现大出血，所以他们后来就会避开在满月时给人拔牙。

那么，月亮变化影响人情绪的奥妙何在？美国精神病学家韦伯对这个问题做了长时间的研究，并最终形成了自己言之成理的观点。他指出，人体中约有80%是液体，月球的引力也能像引起海水潮汐那样对人体中的液体产生作用，导致人体出现生物高潮和生物低潮。特别是满月时，月亮对人的行为影响比较强烈，使人的感情较易激动。究其根源，主要是因为月亮的电磁力影响了人的荷尔蒙、体液和兴奋精神的电解质的平衡，这时人的头部和胸部的电位差比较大，人容易激动，情绪最不稳定，从而引起人的生理和情绪的变化。科学家们在长期的观察和实验中还发现，每当月亮满月时，空气的气压降低，空气处在低压状态下，就会增加血管内外的压强差，从而增加血液的流通量，这也能引起人的情绪变化。

还有的研究者发现，月球的磁场虽然很弱，但是，月球对地球的引力却能导致地轴位置发生微小的改变，从而引起地球磁场随之发生规律性的变化。地球磁场的改变作用于人体的神经和细胞，则能使人的生理和情绪发生某些变异。

韦伯研究还证明，人脑是悬浮在液体中的，平时，它处在失重的状态，只要稍有外力的作用，就会发生微小的运动。月球在满月时对地球的引力最大，这时，大脑的移动最为明显，所以也就导致人的心理和行为易于变得激动或异常。同样，胎儿也是悬浮在羊水之中，月亮的盈亏也会对胎儿有所影响。

3.4 能否炸毁月球

21世纪伊始，以弗拉基米尔·克鲁因斯基为首的五名俄罗斯科学家提出了一项震惊世界的动议：摧毁月球（见图5–10）。

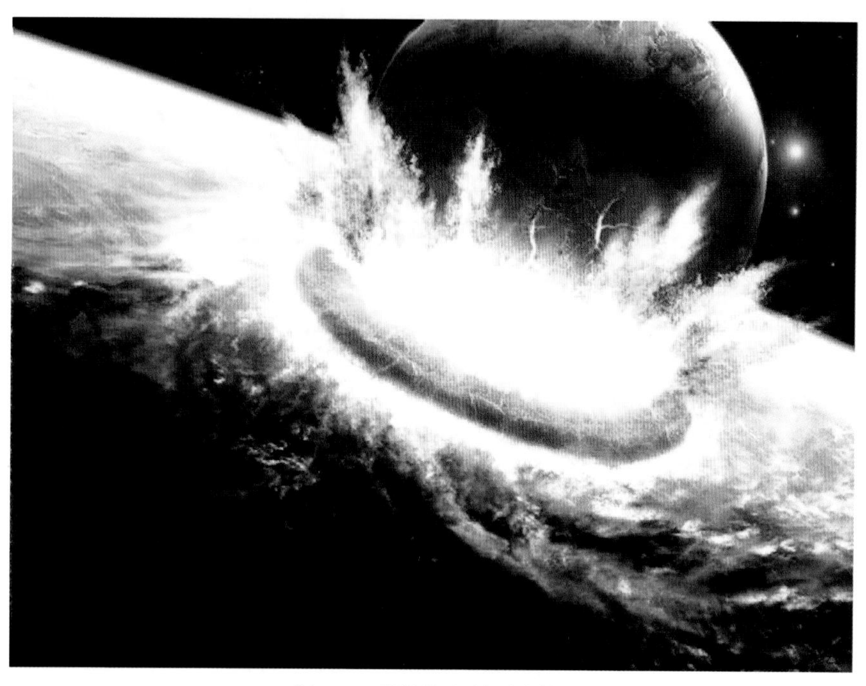

图5–10 摧毁月球（想象图）

克鲁因斯基等认为，月球并不是地球的朋友，而是地球的枷锁和可恶的“寄生虫”。它用自己强大的引力将地球拉歪了，使得地球在自转的同时，以一种笨拙而病态的倾斜姿势绕着太阳转，于是地球上的气候才变化无常。非洲大陆的无情干旱便与此有关。所以月球的存在是导致地球发生许多自然灾害的祸源，俄罗斯就深受其害。克鲁因斯基指出，俄罗斯大部分国土靠近北冰洋，冬季过于漫长，使得农业生产受到极大的影响，而这一切都是因月球的引力造成。月球就像一个链球，紧拉着地球，导致地球表面的海水潮起潮落，因而引发灾害和使地球上气候变化无常。

从克鲁因斯基的理论出发，还可以推导出，地球上的降水也同月球运行轨道的变化相关。月球的赤纬角时常发生变化。当其变小时，其直下

点所对应的区域地壳鼓起就小，地下放出的携热水汽也就减少，这就减少了热带气团与高纬冷气团在该区域内的碰撞，从而导致雨量减少，形成干旱。例如从中国历史来看，在月球赤纬角较小的1941年、1942年、1959年、1960年、1978年和1997年，中国都发生了大旱灾。当月球的赤纬角变大时，又会引起地壳变形，并通过地壳、地幔排热排气作用强化大气降水的过程。历史上的1915年、1931年、1932年、1933年、1949年、1951年、1969年和1986年，中国的珠江、淮河、长江、松花江和辽河都相继发生了大洪水。日月同纬也会加强日月引潮力的相互作用，增大地壳形变，从而引发大洪灾。

月球同地球上的地震和火山活动也有关系。由月球引起的潮汐和厄尔尼诺现象使太平洋海面发生升降，由此导致东西太平洋地壳的跷跷板运动，这也是地球上地震运动和火山爆发的重要原因。2006年发生在东京以南伊豆岛的火山爆发和地震，事后被认定是由伊豆岛岩脉侵入引起地壳变形，从而引发火山爆发和地震，这一切说明地球上的地震和火山爆发是同强潮汐的天文条件相对应的。

地球上的厄尔尼诺现象月球更是脱不了干系。日食和月食是日、地、月共线的结果。每次高纬或极区的日食都将使极地下沉、气流减弱。如果1～2年内地球中纬以上地区连续发生3～6次日食，将使赤道的东风减弱，从而诱发厄尔尼诺现象。地球上的强潮汐与厄尔尼诺现象有很好的对应关系，火山活动就受强潮汐的控制。火山爆发使海洋底层暖水上升到海洋表面，火山灰遮蔽阳光使气候变冷，这是控制厄尔尼诺现象发生的重要外因。大约有75%左右的厄尔尼诺现象是在强火山爆发后一年半到两年之间发生的。

克鲁因斯基认为，只要将月球摧毁，地球就不再倾斜，而地球的倾角一旦变成零度，季节变化将从地球上消失，地球将四季如春，沙漠变成绿洲，农作物也因气候适宜而茁壮成长，人类将不再面临饥饿的威胁。

按照克鲁因斯基的看法，摧毁月球不仅是必要的，而且在技术上也是可行的。只需要在俄罗斯“联盟”型火箭上装上6 000万吨的核弹头，然后

将它射向月球即可。

事实上，“摧毁月球，造福人类”这一惊人构想并非克鲁因斯基和他的同事们首次提出来。早在1991年，《世界新闻周刊》便报道说，美国爱荷华州立大学数学教授亚历山大·阿比安曾提出类似的想法。当时，阿比安在接受这家周刊的采访时口气异常坚定地说：“我现在无法预测人类何时会摧毁月球，但这件事似乎是不可避免的。”阿比安同样是从为人类造福的角度提出摧毁月球这一建议的。

2000年，美国天体和星球理论研究的著名科学家阿列克桑德· 亚伯针对地球环境问题日益严重、灾难不断的状况， 在2000年11月出版的《发明与革新》上撰文，也提出要“毁月球保地球”的设想。他认为，地球之所以一直存在着酷热、严寒、风暴等恶劣的自然环境， 正是因为地球目前运行的轨道（ 地球中心轴线 ） 有60. 5° 的倾斜， 由于这种倾斜导致南北半球气象变幻莫测， 形成巨大差异， 使得人类长期以来一直受到恶劣自然环境的影响。如果月球炸毁， 由于地球有强大的地心引力， 就会把一部分月球土壤和碎片吸入广阔的太平洋海域，这样地球的地形、地貌、气候和生态环境都将大大改变。太阳光在地球表面的分布将会变得很均匀， 地球上再也不会有炎热的夏天和冰冻寒冷的冬天， 那些贫瘠荒凉的沙漠、荒漠和沙滩也将消失，气候将趋向长期稳定， 风调雨顺， 农业生产将高速发展，人类生活将大大改善。

假定摧毁月球在技术上是可行的，假如真的炸毁月球，会导致一种什么样的结果？月球的直径为3 476 km，假使直径3 km左右的小碎块击中地球，其爆炸释放的能量将高达1万亿吨烈性炸药， 能直接摧毁100×10^4 km^2的地区。毁灭月球，将有无数月球碎片落向地球，数万个比人类现在所能制造出的威力最大的核弹还大的残骸坠落到地球上，会将大量的亚微米微尘抛向同温层， 这个全球性厚尘埃层将让地球在百余年内看不见太阳，阻断植物的光合作用， 形成类似核冬天的“ 星击之冬”，从而造成全球粮食大幅度减产，引发大范围饥荒和疾病流行。而落入海洋的碎片，会引发数十米高的巨浪，足以摧毁所有沿海城市。

摧毁了月球，季风伴随着其携带的水汽消失，整个陆地将在短时间内全部沙漠化；因为地表吸热放热的变化，冷的地方更冷，热的地方更热，整个地球变成一个四季恒温的炼狱；没有了潮汐作用，地球的自转速度会突然变慢，这样一个“急刹车”会引起一场全球性的20级特大飓风，也没有了潮汐作用引起的水循环。

事实上，由于月球同地球的关系，地球上许多动力现象都与月球有关，甚至地球上生物的存在都与月球有关。月球强大引力所形成的强潮汐既是地球上发生众多自然灾害的根源，也是减弱温室效应和调控地球温度的关键。月球是地球的恒温器，地表温度适宜人类生存得益于月球的调控作用，如果摧毁月球，有可能导致温室效应失控，从而加剧全球变暖的趋势。

宇宙是一个系统，太阳系也是一个系统，在这一系统中存在的地球和月球在长期的运行中已经形成了一种相互依赖和相互制约的关系。正是这种制约关系的存在，形成了系统的平衡。而一旦月球被摧毁，系统的这种平衡就遭到破坏。那样一来，地球又依靠什么来构建新的平衡?